广东省国家重点保护陆生野生动物

李爱英　梁晓东　林寿明　邓诗泉　编

SPM 南方传媒 | 广东省地图出版社

·广州·

图书在版编目（CIP）数据

广东省国家重点保护陆生野生动物 / 李爱英等编. —广州：广东省地图出版社，2022.7

ISBN 978-7-80721-858-6

Ⅰ. ①广… Ⅱ. ①李… Ⅲ. ①陆栖—野生动物—濒危动物—介绍—广东 Ⅳ. ①Q958.526.5

中国版本图书馆CIP数据核字（2022）第177457号

策划编辑：杨 芳
责任编辑：黄绮玲 杨 芳
责任校对：蒋美秀 陶雪红
地图编制：杨 芳 谢梦华 魏福平 黄武泽
地图审订：杨兴旺

广东省国家重点保护陆生野生动物
Guangdong Sheng Guojia Zhongdian Baohu Lusheng Yesheng Dongwu
李爱英等 编

出版人 李希希
出 版 广东省地图出版社
地 址 广州市水荫路35号（510075）
发 行 广东省地图出版社
开 本 889毫米×1194毫米 1/32
印 张 8.25
书 号 ISBN 978-7-80721-858-6
审图号 粤S（2022）139号
电 话 020-87699191
印 刷 珠海市豪迈实业有限公司
字 数 170千字
版 次 2022年7月第1版
印 次 2023年7月第3次印刷
定 价 66.00元

编委会

策　划：李秋明

主　编：李爱英　梁晓东　林寿明　邓诗泉

副主编：刘新科　陈海亮　王　姣　柯培峰

编　委（按姓氏笔画排序）：

丁　丹　马延军　王　伦　王喜平　邓冬旺　朱利永　刘　旭

刘凯昌　刘彩红　刘锡辉　刘曦庆　苏晨辉　杨佐兵　杨沅志

杨艳婷　杨超裕　张　亮　张乐勤　张春霞　张都菁　陈　芳

陈传国　陈秋菊　陈莲好　陈容斌　陈皓天　陈锦红　罗　勇

郑文松　郑洁玮　郑镜明　屈　明　练　丽　胡　飞　胡喻华

查钱慧　钟小山　钟玉玲　钟海智　姜　杰　秦　琳　徐锦前

郭盛才　容友鹏　梦　梦　梁思明　简　阳　樊　晶　魏安世

编制单位：广东省林业局

广东省林业调查规划院

广东省动物学会

hè chì yā juān
褐翅鸦鹃
摄影 / 郑康华

前言

PREFACE

生物多样性丧失和生态系统退化对人类生存与发展构成重大风险，保护珍稀濒危野生动物是人类面临的紧迫问题。我国于2021年2月发布了新修订的《国家重点保护野生动物名录》，加强野生动物保护法律法规宣传、普及珍稀濒危野生动物知识，有助于促进人与自然和谐共生。

我国现有国家重点保护野生动物980种和8类，其中国家一级保护野生动物234种和1类、国家二级保护野生动物746种和7类。在上述物种中，由林业草原部门管理的有686种。据广东省历年来野生动物调查结果（结合部分文献记载）统计，广东省分布

国家重点保护陆生野生动物188种，其中国家一级保护野生动物42种（包括哺乳纲11种、鸟纲27种、爬行纲3种及昆虫纲1种），国家二级保护野生动物146种（包括哺乳纲14种、鸟纲109种、爬行纲13种、两栖纲4种及昆虫纲6种）。本书收录了在广东省分布的国家重点保护陆生野生动物188种，每种均给出了中文名、学名、别名（个别无别名则不列出）、隶属纲目科、形态特征、生活习性、濒危状况及省内主要分布等，并附有彩色照片及部分鸟类的声纹资料。书中收录的物种以标本、文献记录为准，个别为近两年来新记录但还未见于文献的物种。大灵猫、金猫、云豹、豹、虎、林麝、黑麂、梅花鹿、短尾猴、獐、中华斑羚、白颈长尾雉、圆鼻巨蜥等物种野生种群近三十年来未拍摄到。

书中采用的IUCN动物濒危级别更新时间截至2022年7月。IUCN及中国生物多样性红色名录中各级别的英文字母释义对应为：EX表示灭绝，EW表示野外灭绝，CR表示极危，EN表示濒危，VU表示易危，NT表示近危，LC表示无危，DD表示数据缺乏，NE表示未评估。书中部分鸟类放置了鸣声二维码，读者可使用移动端微信扫一扫聆听对应的鸟类鸣声。

本书图片主要来源于从事野生动物保护、研究、教学的专家老师，野生动物保护志愿者及鸟网（https://www.birdnet.cn）。鸟类鸣声主要来源于北京地理全景知识产权管理有限责任公司、广州灵感生态科技有限责任公司及专家老师，其中白喉林鹟、白眉山鹧鸪等13种鸟类鸣声由广州灵感生态科技有限公司无偿提供。非常感谢有关单位（公司）及各位专家老师的辛勤付出，为大家提供如此精美的物种展示。为了方便读者对照使用，书后附上了《国家重点保护野生动物名录》《广东省重点保护陆生野生动物名录》以及广东省政区图。

本书的编制得到了广东省科学院动物研究所胡慧建研究员、张强副研究员、张亮老师，中山大学刘阳教授、谢强教授、张丹丹副教授、王英永高级工程师，华南农业大学田明义教授，暨南大学李贵生教授，广东省林业科学研究院华彦正高级工程师，广东生态工程职业学院张立娜副教授等老师的指导和帮助，特此表示感谢。

由于水平有限，书中的疏漏、错漏或不当之处敬请专家和读者批评指正。由于野外拍摄及录音难度大，部分物种的高清晰度照片及鸟类鸣声难求，造成有的照片清晰度不够，136种珍稀鸟类中只收集到78种鸣声。如广大读者有更好的照片及空缺的鸟类声纹资料，欢迎联系我们，联系人：李爱英，电话：020-87035915，邮箱：ysdzwjc@163.com。

让我们携手保护野生动物，共建万物和谐的绿美广东！

编委会

目　录

Contents

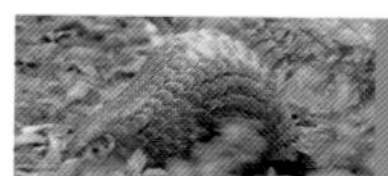

国家一级保护野生动物

国家二级保护野生动物

彩鹮

cǎi huán

国家一级保护野生动物

摄影／郑康华

zhōng huá chuān shān jiǎ
中华穿山甲 *Manis pentadactyla*

摄影 / 华彦

纲/目/科：哺乳纲，鳞甲目，鲮鲤科。

别　　名：鲮鲤、穿山甲。

形态特征：头小，吻部尖；背面、四肢外侧和尾覆有棕色鳞甲。

生活习性：喜栖息于树冠下生长有茂密灌丛和草本植物的环境。主要以蚂蚁和白蚁为食。夜行性，独居，善掘洞。

濒危状况：

世界自然保护联盟（IUCN）

未评估（NE）	数据缺乏（DD）	无危（LC）	近危（NT）	易危（VU）	濒危（EN）	极危（CR）	野外灭绝（EW）	灭绝（EX）

中国生物多样性红色名录

《濒危野生动植物种国际贸易公约》（CITES）：附录 I

省内主要分布：广州、深圳、珠海、汕头、韶关、河源、梅州、惠州、汕尾、江门、茂名、肇庆、清远。

chái 豺 *Cuon alpinus*

纲/目/科： 哺乳纲，食肉目，犬科。

别　　名： 印度野犬、亚洲野犬。

形态特征： 体型似家犬。喉部、四肢和面部为白色；耳大而圆，耳内毛白色；尾尖黑色，尾长小于头体长的一半。

生活习性： 见于各种栖息地类型，从开阔地至茂密的森林、浓密的灌木丛等。主捕食野猪、赤麂、啮齿类等。一般昼行性，晨昏活动，偶见夜间活动。

濒危状况：

世界自然保护联盟（IUCN）

未评估（NE）	数据缺乏（DD）	无危（LC）	近危（NT）	易危（VU）	濒危（EN）	极危（CR）	野外灭绝（EW）	灭绝（EX）

中国生物多样性红色名录

《濒危野生动植物种国际贸易公约》（CITES）：附录Ⅱ

省内主要分布： 韶关、河源、梅州、惠州、肇庆、清远。

注： 历史记录，省内多年未见。

摄影 / 刘国林

dà líng māo 大灵猫 *Viverra zibetha*

纲/目/科：哺乳纲，食肉目，灵猫科。

别　　名：香猫、九江狸、九节狸、灵狸、麝香猫。

形态特征：黑色脊冠毛从肩部贯穿至尾基部，颈下部有3条黑色横纹，有7~9个黑色尾环。

生活习性：多见于森林、灌丛和农用地。以鼠类、鸟类、蛇类等为食。夜行性，独居。

濒危状况：

世界自然保护联盟（IUCN）：无危（LC）

未评估（NE）	数据缺乏（DD）	无危（LC）	近危（NT）	易危（VU）	濒危（EN）	极危（CR）	野外灭绝（EW）	灭绝（EX）

中国生物多样性红色名录：极危（CR）

《濒危野生动植物种国际贸易公约》（CITES）：附录 Ⅲ

省内主要分布：珠海、汕头、佛山、韶关、河源、梅州、惠州、肇庆、清远。

注：历史记录，省内多年未见。

摄影 / 视觉中国

xiǎo líng māo 小灵猫 *Viverricula indica*

纲/目/科：哺乳纲，食肉目，灵猫科。

别　　名：乌脚狸、七节狸、笔猫、香狸、麝香猫。

形态特征：体型小。无竖起的脊冠毛，颈侧条纹不显著，有6～9个尾环，尾尖白色。

生活习性：多见于草地、灌丛和村庄附近。以鼠类、鸟类、蜥蜴等为食。夜行性，有时白天捕猎，独居，善掘洞。

濒危状况：

世界自然保护联盟（IUCN）

未评估（NE）	数据缺乏（DD）	无危（LC）	近危（NT）	易危（VU）	濒危（EN）	极危（CR）	野外灭绝（EW）	灭绝（EX）

中国生物多样性红色名录

《濒危野生动植物种国际贸易公约》（CITES）：附录 Ⅲ

省内主要分布：广州、深圳、汕头、佛山、韶关、河源、梅州、惠州、江门、湛江、茂名、肇庆、清远。

摄影 / 李健

jīn māo
金猫 *Pardofelis temminckii*

摄影 / 李成

纲/目/科：哺乳纲，食肉目，猫科。

别　　名：亚洲金猫、原猫、红椿豹、芝麻豹、狸豹。

形态特征：毛色多样，两眼内角有宽白纹，耳背黑色；尾二色，上面似体色，下面浅白色。

生活习性：栖息于干燥的落叶林、热带雨林。主要以兔类、小鹿、鸟类和蜥蜴等为食。夜行性，独居。

濒危状况：

世界自然保护联盟（IUCN）：近危（NT）

未评估（NE）	数据缺乏（DD）	无危（LC）	近危（NT）	易危（VU）	濒危（EN）	极危（CR）	野外灭绝（EW）	灭绝（EX）

中国生物多样性红色名录：濒危（EN）

《濒危野生动植物种国际贸易公约》（CITES）：附录 Ⅰ

省内主要分布：韶关、河源、梅州、惠州、茂名、清远。

注：历史记录，省内多年未见。

yún bào 云豹 *Neofelis nebulosa*

纲/目/科：哺乳纲，食肉目，猫科。

别　　名：乌云豹、龟纹豹、荷叶豹、艾叶豹、樟豹。

形态特征：躯体覆盖深色云状斑块；颈上有明显的黑色纵纹；尾有斑点但接近尾尖时变成黑色环。

生活习性：主要栖息于原始常绿热带雨林，亦见于次生林、采伐林及红树林沼泽中。捕食野猪、雉科鸟类、小型哺乳动物等。夜行性，独居。

濒危状况：

世界自然保护联盟（IUCN）：易危（VU）

未评估（NE）	数据缺乏（DD）	无危（LC）	近危（NT）	易危（VU）	濒危（EN）	极危（CR）	野外灭绝（EW）	灭绝（EX）

中国生物多样性红色名录：极危（CR）

《濒危野生动植物种国际贸易公约》（CITES）：附录 I

省内主要分布：广州、韶关、河源、梅州、惠州、清远。

注：历史记录，省内多年未见。

摄影 / 视觉中国

bào 豹 *Panthera pardus*

纲/目/科：哺乳纲，食肉目，猫科。

别　　名：豹子、文豹、银钱豹、金钱豹。

形态特征：躯干有黑色花瓣状斑点，头、四肢和尾带有单个的黑色斑点，腿相对较短。

生活习性：栖息于多种生境类型，见于林地、灌丛林、有岩石的丘陵等生境。主要捕食大型有蹄类、大型啮齿类等。夜行性，独居。

濒危状况：

世界自然保护联盟（IUCN）：易危（VU）

未评估（NE）	数据缺乏（DD）	无危（LC）	近危（NT）	易危（VU）	濒危（EN）	极危（CR）	野外灭绝（EW）	灭绝（EX）

中国生物多样性红色名录：濒危（EN）

《濒危野生动植物种国际贸易公约》（CITES）：附录 I

省内主要分布：韶关、梅州、惠州、茂名、清远。

注：历史记录，省内多年未见。

摄影／长林头角

huá nán hǔ 华南虎 *Panthera tigris amoyensis*

摄影 / 清远华南虎繁育及野化训练基地

纲/目/科：哺乳纲，食肉目，猫科。

形态特征：头圆，耳短，四肢粗大有力，尾较长；胸腹部杂有较多的乳白色，全身橙黄色并布满黑色横纹。

生活习性：主要生活在中国南方的森林山地。多单独生活，多夜间活动，主要以野猪、赤麂等有蹄类动物为食。

濒危状况：

世界自然保护联盟（IUCN）：濒危（EN）

未评估（NE）	数据缺乏（DD）	无危（LC）	近危（NT）	易危（VU）	濒危（EN）	极危（CR）	野外灭绝（EW）	灭绝（EX）

中国生物多样性红色名录：极危（CR）

《濒危野生动植物种国际贸易公约》（CITES）：附录 I

省内主要分布：韶关、河源、清远。

注：历史记录，省内多年未见。

lín shè
林麝 *Moschus berezovskii*

纲/目/科：哺乳纲，偶蹄目，麝科。

别　　名：南麝、森林麝、黑獐子、林獐、香獐。

形态特征：雄性上犬齿发达，露出口外，呈獠牙状；毛色深橄榄褐色，成体颈部无斑点；耳内和眉毛白色，耳尖黑色，下颌部具奶油色条纹。

生活习性：栖息于高海拔针叶林、阔叶林和针阔叶混交林中。胆小怯懦，多于黄昏至黎明之间活动。善于跃至树上采食。

濒危状况：

世界自然保护联盟（IUCN）

未评估（NE）	数据缺乏（DD）	无危（LC）	近危（NT）	易危（VU）	濒危（EN）	极危（CR）	野外灭绝（EW）	灭绝（EX）

中国生物多样性红色名录

《濒危野生动植物种国际贸易公约》（CITES）：附录 II

省内主要分布：韶关、肇庆、清远。

注：历史记录，省内多年未见。

摄影 / 视觉中国

hēi jǐ 黑麂 *Muntiacus crinifrons*

摄影 / 周梦爽

纲/目/科：哺乳纲，偶蹄目，鹿科。

别　　名：乌金麂、蓬头麂、红头麂、麂子、青麂。

形态特征：额上有长的橙黄色丛毛，耳内侧白色；尾长而黑，与白色尾下形成鲜明对比。

生活习性：栖息于海拔约1000米的丘陵山区的各类林中。食树的枝条、树叶、草和果实。

濒危状况：

世界自然保护联盟（IUCN）

未评估（NE）	数据缺乏（DD）	无危（LC）	近危（NT）	易危（VU）	濒危（EN）	极危（CR）	野外灭绝（EW）	灭绝（EX）

中国生物多样性红色名录

《濒危野生动植物种国际贸易公约》（CITES）：附录 I

省内主要分布：韶关，清远。

注：历史记录，省内多年未见。

méi huā lù
梅花鹿 *Cervus nippon*

摄影 / 宋林继

纲/目/科：哺乳纲，偶蹄目，鹿科。

别　　名：花鹿、鹿。

形态特征：皮毛呈红色，沿脊背在体侧有数行不规整的白色斑点，状似梅花，因而得名。雄性头上有一对实角，分3～4叉。

生活习性：喜栖息于树林或森林下茂密的下层植被中，亦至开旷草地觅食，食草、树叶，甚至果实。多晨昏活动。单独或成小群觅食。

濒危状况：

世界自然保护联盟（IUCN）：无危（LC）

未评估（NE）	数据缺乏（DD）	无危（LC）	近危（NT）	易危（VU）	濒危（EN）	极危（CR）	野外灭绝（EW）	灭绝（EX）

中国生物多样性红色名录：濒危（EN）

《濒危野生动植物种国际贸易公约》（CITES）：未列入

省内主要分布：韶关、河源、肇庆、清远。

注：历史记录，省内多年未见。

huáng fù jiǎo zhì
黄腹角雉 *Tragopan caboti*

雄鸟　摄影 / 木易先森1970

纲/目/科：鸟纲，鸡形目，雉科。

别　　名：角鸡、吐绶鸡、寿鸡。

形态特征：雄鸟脸橙黄色，背栗红色，具卵圆斑，胸腹皮黄色；雌鸟背中央几乎无白斑，尾具灰褐色横带。

生活习性：留鸟，栖息于海拔800～1800 m的亚热带山地森林，多见于有高大乔木的天然阔叶林或针阔混交林。喜在山谷河流周围活动。

濒危状况：

世界自然保护联盟（IUCN）：易危（VU）

未评估（NE）	数据缺乏（DD）	无危（LC）	近危（NT）	易危（VU）	濒危（EN）	极危（CR）	野外灭绝（EW）	灭绝（EX）

中国生物多样性红色名录：濒危（EN）

《濒危野生动植物种国际贸易公约》（CITES）：附录 I

省内主要分布：韶关、河源、梅州、清远。

bái jǐng cháng wěi zhì 白颈长尾雉 *Syrmaticus ellioti*

纲/目/科：鸟纲，鸡形目，雉科。

别　　名：横纹背鸡、地花鸡、地鸡、花山鸡。

形态特征：雄鸟喉黑色，颈、腹白色，长尾羽上具银灰色横斑；雌鸟上喉及前颈黑色。

生活习性：留鸟，栖息于海拔1000 m 以下的山地和丘陵，尤其常见于阔叶林和混交林。

濒危状况：

世界自然保护联盟（IUCN）：近危（NT）

未评估（NE）	数据缺乏（DD）	无危（LC）	近危（NT）	易危（VU）	濒危（EN）	极危（CR）	野外灭绝（EW）	灭绝（EX）

中国生物多样性红色名录：易危（VU）

《濒危野生动植物种国际贸易公约》（CITES）：附录 I

省内主要分布：韶关、梅州、清远。

注：历史记录，省内多年未见。

雄鸟　摄影 / 喜哥

qīng tóu qián yā
青头潜鸭 *Aythya baeri*

雄鸟　摄影 / 郑康华

纲/目/科：鸟纲，雁形目，鸭科。

别　　名：白目凫、东方白眼鸭、青头鸭。

形态特征：雄鸟的头和颈墨绿色，在光线不好时看上去为黑色，虹膜白色；雌鸟体羽偏褐色。

生活习性：冬候鸟，栖息于开阔且水流较慢的海湾、河口、湖泊、沼泽和池塘，集群活动，亦会与其他潜鸭混群栖息。

濒危状况：

世界自然保护联盟（IUCN）：极危（CR）

未评估（NE）	数据缺乏（DD）	无危（LC）	近危（NT）	易危（VU）	濒危（EN）	极危（CR）	野外灭绝（EW）	灭绝（EX）

中国生物多样性红色名录：极危（CR）

《濒危野生动植物种国际贸易公约》（CITES）：未列入

省内主要分布：深圳、珠海、汕头。

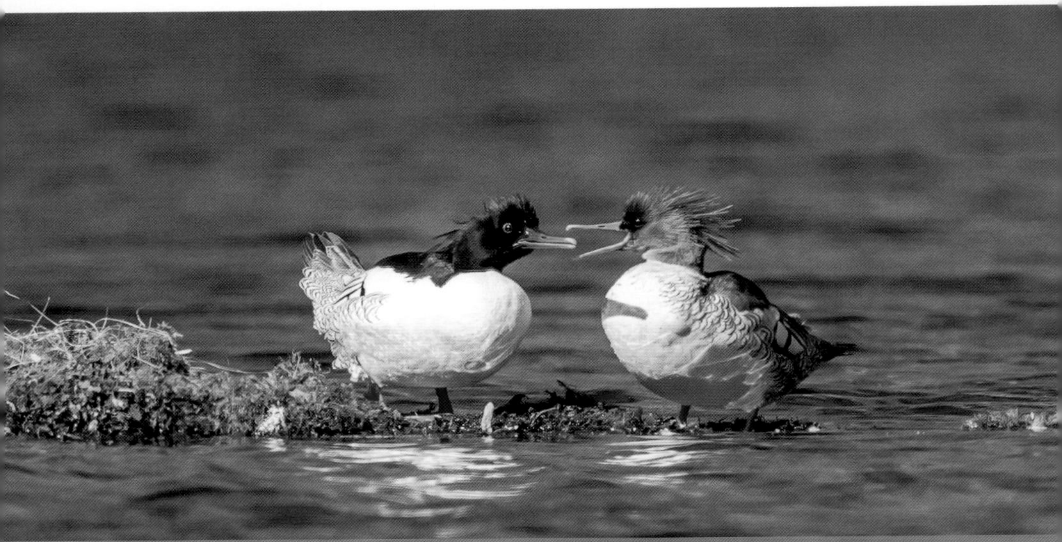

zhōng huá qiū shā yā
中华秋沙鸭 *Mergus squamatus*

左雄右雌 **摄影 / 天地合一**

纲/目/科：鸟纲，雁形目，鸭科。

别　　名：鳞胁秋沙鸭。

形态特征：雄鸟头黑绿色，具长冠羽，胸白色，胁具鳞状斑；雌鸟头和上颈棕褐色，冠羽短，胁具鳞状斑。

生活习性：冬候鸟，非繁殖期栖息于河流、水库库尾等处，成对或结小群活动。潜水捕食鱼类。

濒危状况：

世界自然保护联盟（IUCN）

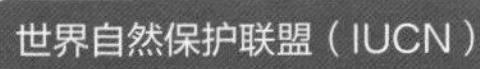

未评估（NE）	数据缺乏（DD）	无危（LC）	近危（NT）	易危（VU）	濒危（EN）	极危（CR）	野外灭绝（EW）	灭绝（EX）

中国生物多样性红色名录

《濒危野生动植物种国际贸易公约》（CITES）：未列入

省内主要分布：广州、汕头、韶关、梅州、惠州、汕尾。

bái hè 白鹤 *Grus leucogeranus*

纲/目/科：鸟纲，鹤形目，鹤科。

别　　名：西伯利亚鹤、黑袖鹤。

形态特征：站立时通体白色，脸部的红色裸皮由喙基、眼后延伸至额部，脚暗红色；飞翔时，初级飞羽黑色。

生活习性：冬候鸟，栖息于湖泊、沼泽等湿地环境，迁徙季节和冬季常集群活动。

濒危状况：

世界自然保护联盟（IUCN）

未评估（NE）	数据缺乏（DD）	无危（LC）	近危（NT）	易危（VU）	濒危（EN）	极危（CR）	野外灭绝（EW）	灭绝（EX）

中国生物多样性红色名录

《濒危野生动植物种国际贸易公约》（CITES）：附录 I

省内主要分布：珠海、汕头、韶关、江门，偶见。

羽白色为成鸟，羽锈黄色为幼鸟　摄影 / 望远镜

xiǎo qīng jiǎo yù 小青脚鹬 *Tringa guttifer*

纲/目/科：鸟纲，鸻形目，鹬科。

别　　名：诺氏鹬。

形态特征：腰、尾部白色，胸至胁具黑色粗点斑，腿偏黄色；似青脚鹬，但喙较短粗、上翘，基部黄绿色，胫短。

生活习性：旅鸟，活动于沿海的潮间带滩涂、河口、沼泽等湿地生境，偶至海岸附近的湿润草地、盐田和稻田觅食。

濒危状况：

世界自然保护联盟（IUCN）

未评估（NE）	数据缺乏（DD）	无危（LC）	近危（NT）	易危（VU）	濒危（EN）	极危（CR）	野外灭绝（EW）	灭绝（EX）

中国生物多样性红色名录

《濒危野生动植物种国际贸易公约》（CITES）：附录 I

省内主要分布：广州、深圳、汕头、汕尾、阳江、湛江、潮州、揭阳。

非繁殖羽　　摄影 / 郑康华

摄影 / 鹰渡寒潭

纲/目/科：鸟纲，鸻形目，鹬科。

别　　名：匙嘴鹬。

形态特征：喙呈匙状，有黑色贯眼纹；繁殖羽上腹及背橙色，非繁殖羽上背灰棕色，下体白色。

生活习性：冬候鸟、旅鸟，迁徙时高度依赖沿海滩涂，越冬时亦活动于河口、潟湖、沼泽等湿地环境，喜覆盖有软泥的硬质滩涂，常在滩涂中的浅水潮沟觅食，常集小群。

濒危状况：

《濒危野生动植物种国际贸易公约》（CITES）：未列入

省内主要分布：深圳、汕头、阳江、湛江。

hēi zuǐ ōu
黑嘴鸥 *Saundersilarus saundersi*

繁殖羽　摄影 / 柳浪

纲/目/科：鸟纲，鸻形目，鸥科。

别　　名：桑氏鸥。

形态特征：头、喙黑色，眼周白色，繁殖羽黑色，似红嘴鸥但体型较小；冬羽头白色，眼后有黑斑。

生活习性：冬候鸟、旅鸟，栖息于沿海滩涂、沼泽和河口地带。

濒危状况：

世界自然保护联盟（IUCN）

未评估（NE）	数据缺乏（DD）	无危（LC）	近危（NT）	易危（VU）	濒危（EN）	极危（CR）	野外灭绝（EW）	灭绝（EX）

中国生物多样性红色名录

《濒危野生动植物种国际贸易公约》（CITES）：未列入

省内主要分布：广州、深圳、汕头、汕尾、阳江、湛江、潮州、揭阳。

遗鸥 *Ichthyaetus relictus*

yí ōu

纲/目/科：鸟纲，鸻形目，鸥科。

别　　名：钓鱼郎、寡妇鸥。

形态特征：喙短粗、暗红色；繁殖羽头黑色，眼上下方羽毛白色，有裂开的感觉；非繁殖羽眼部有突起感，颈部白色，背淡灰色。

生活习性：冬候鸟，冬季栖息于河口、海岸，常集群活动，在滩涂上觅食。

濒危状况：

世界自然保护联盟（IUCN）：易危（VU）

未评估（NE）	数据缺乏（DD）	无危（LC）	近危（NT）	易危（VU）	濒危（EN）	极危（CR）	野外灭绝（EW）	灭绝（EX）

中国生物多样性红色名录：濒危（EN）

《濒危野生动植物种国际贸易公约》（CITES）：附录 I

省内主要分布：汕头。

非繁殖羽　摄影 / 郑康华

zhōng huá fèng tóu yàn ōu

中华凤头燕鸥 *Thalasseus bernsteini*

非繁殖羽 **摄影 / 郑康华**

纲/目/科：鸟纲，鸻形目，鸥科。

别　　名：黑嘴端凤头燕鸥。

形态特征：喙黄色，前端黑色，尖端白色；繁殖期冠羽黑色延伸至喙基；冬羽黑色冠羽大部分褪为白色，显得斑驳。

生活习性：冬候鸟，越冬于广东沿海，栖息于热带和亚热带海洋地区，喜觅食于海水浅且离岸近的区域，在海岸滩涂浅水处休憩、沐浴和交配。

濒危状况：

世界自然保护联盟（IUCN）：极危（CR）

未评估（NE）	数据缺乏（DD）	无危（LC）	近危（NT）	易危（VU）	濒危（EN）	极危（CR）	野外灭绝（EW）	灭绝（EX）

中国生物多样性红色名录：极危（CR）

《濒危野生动植物种国际贸易公约》（CITES）：未列入

省内主要分布：汕头、湛江，偶见。

duǎn wěi xìn tiān wēng 短尾信天翁 *Phoebastria albatrus*

纲/目/科：鸟纲，鹱形目，信天翁科。

别　　名：海燕。

形态特征：喙粉红色，前端屈曲向下；头顶、枕沾橙黄色，腰和背白色；脚伸出尾外，较其他信天翁多。

生活习性：旅鸟，平时活动于海洋水域，繁殖期才至陆地。

濒危状况：

世界自然保护联盟（IUCN）：易危（VU）

未评估（NE）	数据缺乏（DD）	无危（LC）	近危（NT）	易危（VU）	濒危（EN）	极危（CR）	野外灭绝（EW）	灭绝（EX）

中国生物多样性红色名录：易危（VU）

《濒危野生动植物种国际贸易公约》（CITES）：附录 II

省内主要分布：汕头，偶见。

摄影 / 永井真人

cǎi guàn 彩鹳 *Mycteria leucocephala*

纲/目/科：鸟纲，鹳形目，鹳科。

别　　名：白头䴉鹳。

形态特征：橙黄色的喙粗长而下弯；头部具有橙色裸皮，肩羽和飞羽黑色，腹部具有黑色带。

生活习性：迷鸟，栖息于多植被的湖泊、河流、沼泽、池塘，亦见于农田、海滩和盐碱滩地带，多集群活动。

濒危状况：

世界自然保护联盟（IUCN）

未评估（NE）	数据缺乏（DD）	无危（LC）	近危（NT）	易危（VU）	濒危（EN）	极危（CR）	野外灭绝（EW）	灭绝（EX）

中国生物多样性红色名录

《濒危野生动植物种国际贸易公约》（CITES）：未列入

省内主要分布：珠海、汕头、茂名，偶见。

摄影 / 草木谷子

hēi guàn 黑鹳 *Ciconia nigra*

摄影 / 自由飞翔

纲/目/科：鸟纲，鹳形目，鹳科。

别　　名：黑老鹳、乌鹳、锅鹳、黑巨鹳。

形态特征：喙红色，眼周裸皮红色；翼下黑色，下胸、腹部及尾下白色，繁殖羽具绿色金属光泽。

生活习性：冬候鸟，越冬时会选择沼泽地、浅水湖泊等地，常集群活动。

濒危状况：

未评估（NE）	数据缺乏（DD）	无危（LC）	近危（NT）	易危（VU）	濒危（EN）	极危（CR）	野外灭绝（EW）	灭绝（EX）

世界自然保护联盟（IUCN）：无危（LC）

中国生物多样性红色名录：易危（VU）

《濒危野生动植物种国际贸易公约》（CITES）：附录 II

省内主要分布：广州、深圳、汕头、惠州、汕尾、湛江，偶见。

dōngfāng bái guàn 东方白鹳 *Ciconia boyciana*

纲/目/科：鸟纲，鹳形目，鹳科。

别　　名：老鹳。

形态特征：喙黑色粗壮，虹膜浅黄色；翅膀外沿黑色，腿鲜红色。

生活习性：冬候鸟，栖息于沼泽环境和开阔的田野，亦会在草地上觅食，繁殖期外集群活动。

濒危状况：

世界自然保护联盟（IUCN）：濒危（EN）

未评估（NE）	数据缺乏（DD）	无危（LC）	近危（NT）	易危（VU）	濒危（EN）	极危（CR）	野外灭绝（EW）	灭绝（EX）

中国生物多样性红色名录：濒危（EN）

《濒危野生动植物种国际贸易公约》（CITES）：附录Ⅰ

省内主要分布：广州、深圳、珠海、河源、汕尾、江门、湛江，少量分布。

摄影 / 老钢炮

bái fù jūn jiàn niǎo

白腹军舰鸟 *Fregata andrewsi*

雌鸟　摄影 / 行影相随

纲/目/科：鸟纲，鲣鸟目，军舰鸟科。

别　　名：圣诞岛军舰鸟。

形态特征：雄鸟具红色喉囊，下腹具大块白斑；雌鸟喙偏粉色，胸腹部白色区域延伸至下腹。

生活习性：栖息于热带和亚热带的远洋海面，少至近海和海岸，飞行能力强。

濒危状况：

世界自然保护联盟（IUCN）：极危（CR）

未评估（NE）	数据缺乏（DD）	无危（LC）	近危（NT）	易危（VU）	濒危（EN）	极危（CR）	野外灭绝（EW）	灭绝（EX）

中国生物多样性红色名录：数据缺乏（DD）

《濒危野生动植物种国际贸易公约》（CITES）：附录 I

省内主要分布：珠海、汕头、湛江、茂名，偶见。

hēi tóu bái huán 黑头白鹮 *Threskiornis melanocephalus*

纲/目/科：鸟纲，鹈形目，鹮科。

别　　名：白鹮、白油、鹳子。

形态特征：喙纯黑色；夏季头部和颈的上部裸露呈黑色，其他羽毛白色；脚黑色。

生活习性：冬候鸟，活动于多植被的沼泽、湖泊、河岸、水塘、稻田等湿地。

濒危状况：

世界自然保护联盟（IUCN）

未评估（NE）	数据缺乏（DD）	无危（LC）	近危（NT）	易危（VU）	濒危（EN）	极危（CR）	野外灭绝（EW）	灭绝（EX）

中国生物多样性红色名录

《濒危野生动植物种国际贸易公约》（CITES）：未列入

省内主要分布：深圳、珠海、汕头，偶见。

摄影 / 雀巢摄影

cǎi huán 彩鹮 *Plegadis falcinellus*

纲/目/科：鸟纲，鹈形目，鹮科。

形态特征：前颊上下两侧至前额具白色至浅蓝色的细线，两翼具铜绿色金属光泽。

生活习性：冬候鸟，活动于多沼泽的湖泊、河流、水塘、稻田和海岸湿地，营巢于树上。

濒危状况：

世界自然保护联盟（IUCN）：无危（LC）

未评估（NE）	数据缺乏（DD）	无危（LC）	近危（NT）	易危（VU）	濒危（EN）	极危（CR）	野外灭绝（EW）	灭绝（EX）

中国生物多样性红色名录：近危（NT）

《濒危野生动植物种国际贸易公约》（CITES）：未列入

省内主要分布：惠州、湛江，偶见。

摄影 / 甜甜溪水

hēi liǎn pí lù 黑脸琵鹭 *Platalea minor*

纲/目/科：鸟纲，鹈形目，鹮科。

别　　名：匙嘴鹭、黑面琵鹭、琵琶嘴鹭。

形态特征：喙灰黑色，形似琵琶；前额至面部皮肤裸露，黑色，体羽白色；繁殖季头部具明显淡黄色饰羽，颈下部、背部淡柠黄色；雌雄同色。

生活习性：冬候鸟为主，多见于沿海的滩涂、潟湖和虾塘地带，亦见于淡水湖泊、沼泽、稻田和水塘等地，集群活动。

濒危状况：

世界自然保护联盟（IUCN）：濒危（EN）

未评估（NE）	数据缺乏（DD）	无危（LC）	近危（NT）	易危（VU）	濒危（EN）	极危（CR）	野外灭绝（EW）	灭绝（EX）

中国生物多样性红色名录：濒危（EN）

《濒危野生动植物种国际贸易公约》（CITES）：未列入

省内主要分布：广州、深圳、汕头、汕尾、湛江。

繁殖羽　摄影 / 大民

hǎi nán yán 海南鳽 *Gorsachius magnificus*

纲/目/科：鸟纲，鹈形目，鹭科。

别　　名：白耳夜鹭、海南虎斑鳽。

形态特征：眼大而突出，眼先和眼圈黄色，眼后有白色条纹；前颈中部黑褐色，颈后侧浅红褐色，边缘黑色；脚黄绿色。

生活习性：留鸟，活动于亚热带高山密林中的山沟河谷、水库附近的溪流浅滩以及湿润的农田等地。

濒危状况：

世界自然保护联盟（IUCN）：濒危（EN）

未评估（NE）	数据缺乏（DD）	无危（LC）	近危（NT）	易危（VU）	濒危（EN）	极危（CR）	野外灭绝（EW）	灭绝（EX）

中国生物多样性红色名录：濒危（EN）

《濒危野生动植物种国际贸易公约》（CITES）：未列入

省内主要分布：汕头、韶关、惠州、湛江、肇庆、清远。

幼鸟

摄影 / 老龙的传人

huáng zuǐ bái lù 黄嘴白鹭 *Egretta eulophotes*

繁殖羽　**摄影 / 喜哥**

纲/目/科：鸟纲，鹈形目，鹭科。

别　　名：白老、唐白鹭。

形态特征：喙黑，下喙基部黄色，繁殖季喙黄色；体羽白色，趾黄色，跗趾较其他白鹭短。与白鹭区别在体型略大，腿色不同；与岩鹭的浅色型区别在喙色较暗，腿较长。

生活习性：夏候鸟、旅鸟，觅食于海湾、沿海河口的潮间带、盐田等滩涂环境，偶至海岸附近的淡水湿地。

濒危状况：

未评估（NE）	数据缺乏（DD）	无危（LC）	近危（NT）	易危（VU）	濒危（EN）	极危（CR）	野外灭绝（EW）	灭绝（EX）
				世界自然保护联盟（IUCN） 中国生物多样性红色名录				

《濒危野生动植物种国际贸易公约》（CITES）：未列入

省内主要分布：深圳、汕头、佛山、惠州、汕尾、江门、阳江、湛江、潮州。

bān zuǐ tí hú

斑嘴鹈鹕 *Pelecanus philippensis*

摄影 / 陽光

纲/目/科：鸟纲，鹈形目，鹈鹕科。

别　　名：花嘴鹈鹕、塘鹅、淘鹅、犁鹕。

形态特征：喙具蓝黑色斑点，喉囊紫色带黑色云状斑，枕和后颈有短直的簇羽。

生活习性：冬候鸟，活动于大型湖泊、沼泽、海岸和潟湖地带，亦见于沿海地区河口，集群活动。

濒危状况：

世界自然保护联盟（IUCN）：近危（NT）

未评估（NE）	数据缺乏（DD）	无危（LC）	近危（NT）	易危（VU）	濒危（EN）	极危（CR）	野外灭绝（EW）	灭绝（EX）

中国生物多样性红色名录：濒危（EN）

《濒危野生动植物种国际贸易公约》（CITES）：未列入

省内主要分布：深圳、汕头。

注：历史记录，省内多年未见。

juǎn yǔ tí hú

卷羽鹈鹕 *Pelecanus crispus*

纲/目/科：鸟纲，鹈形目，鹈鹕科。

形态特征：头顶具卷曲的冠羽；下颌上有一个橘黄色大型喉囊。

生活习性：冬候鸟，多见于淡水湖泊、沼泽和河口地带，亦见于海湾地区，集群活动。

濒危状况：

未评估（NE）	数据缺乏（DD）	无危（LC）	近危（NT）	易危（VU）	濒危（EN）	极危（CR）	野外灭绝（EW）	灭绝（EX）

中国生物多样性红色名录

《濒危野生动植物种国际贸易公约》（CITES）：附录Ⅰ

省内主要分布：深圳、珠海、汕头、汕尾。

繁殖羽　摄影 / 郑康华

wū diāo 乌雕 *Clanga clanga*

摄影 / 王似奇

纲/目/科：鸟纲，鹰形目，鹰科。

别　　名：花雕、小花皂雕、大斑雕。

形态特征：喙前端黑色，基部较浅淡；趾黄色，尾上覆羽具白色的“U”形斑，飞行时从上方可见。

生活习性：冬候鸟，栖息于低山丘陵和平原湿地等环境，白天活动，主要在旷野捕食。

濒危状况：

未评估（NE）	数据缺乏（DD）	无危（LC）	近危（NT）	易危（VU）	濒危（EN）	极危（CR）	野外灭绝（EW）	灭绝（EX）

中国生物多样性红色名录

《濒危野生动植物种国际贸易公约》（CITES）：附录 II

省内主要分布：深圳、汕头。

bái jiān diāo

白肩雕 *Aquila heliaca*

摄影 / 郑康华

纲/目/科：鸟纲，鹰形目，鹰科。

别　　名：御雕。

形态特征：喙黑褐色，上背两侧羽尖白色；飞行时以身体及翼下覆羽全黑色为形态特征，亚成鸟的翼下、腹部皆为黄色。

生活习性：冬候鸟，迁徙期及冬季栖息于较低山丘陵、旷野、农田、河谷地带等，常单独活动。

濒危状况：

未评估（NE）	数据缺乏（DD）	无危（LC）	近危（NT）	易危（VU）	濒危（EN）	极危（CR）	野外灭绝（EW）	灭绝（EX）

中国生物多样性红色名录

《濒危野生动植物种国际贸易公约》（CITES）：附录 I

省内主要分布：深圳。

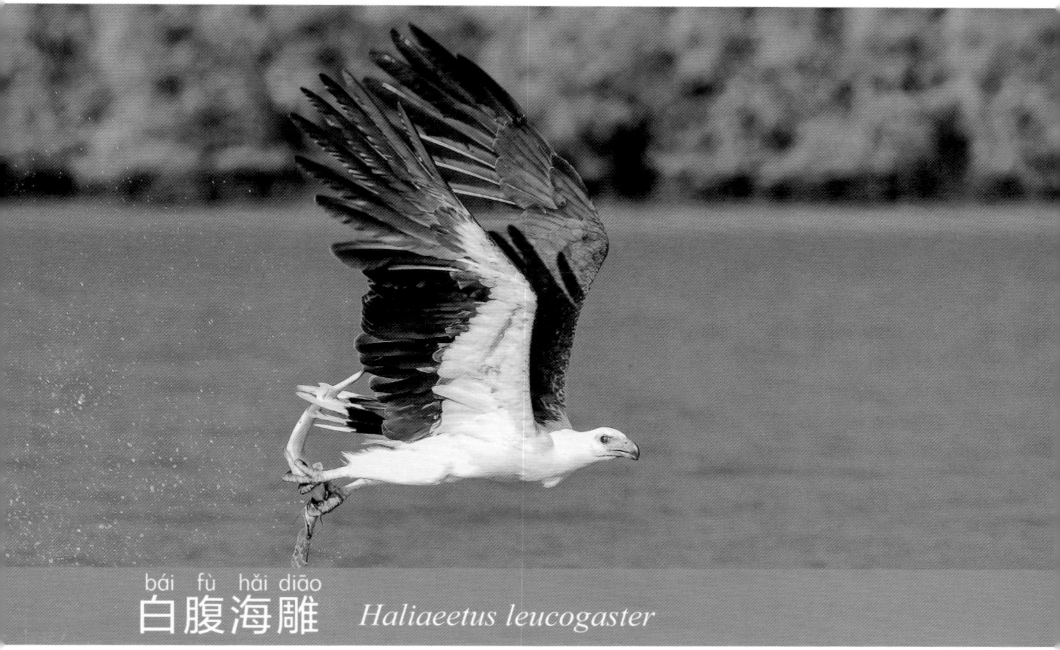

bái fù hǎi diāo
白腹海雕 *Haliaeetus leucogaster*

摄影 / 草木谷子

纲/目/科：鸟纲，鹰形目，鹰科。

别　　名：白腹雕。

形态特征：头部、颈部和下体都是白色，翼后缘黑色；尾羽呈楔形，褐色，端部白色。

生活习性：留鸟，典型的海岸鸟类，栖息于海岸及河口地区，有时亦见于距离海岸不远的丘陵和水库上空。

濒危状况：

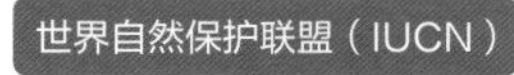

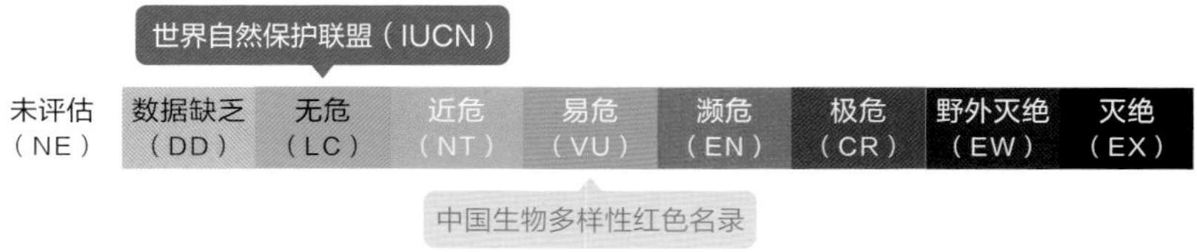
世界自然保护联盟（IUCN）
未评估（NE）
数据缺乏（DD）
无危（LC）
近危（NT）
易危（VU）
濒危（EN）
极危（CR）
野外灭绝（EW）
灭绝（EX）
中国生物多样性红色名录

《濒危野生动植物种国际贸易公约》（CITES）：附录 II

省内主要分布：深圳、珠海、汕头、惠州。

bái wěi hǎi diāo 白尾海雕 *Haliaeetus albicilla*

纲/目/科：鸟纲，鹰形目，鹰科。

别　　名：白尾雕、黄嘴雕、芝麻雕。

形态特征：喙大，呈黄色，幼鸟喙黑；胸浅褐色，尾短呈楔形，尾羽白色。

生活习性：冬候鸟，栖息于河流、湖泊、海岸、岛屿和河口地区，主要在白天活动和觅食。

濒危状况：

世界自然保护联盟（IUCN）：无危（LC）

未评估（NE）	数据缺乏（DD）	无危（LC）	近危（NT）	易危（VU）	濒危（EN）	极危（CR）	野外灭绝（EW）	灭绝（EX）

中国生物多样性红色名录：易危（VU）

《濒危野生动植物种国际贸易公约》（CITES）：附录 I

省内主要分布：汕头，十分罕见。

摄影 / 老汪

huáng xiōng wú 黄胸鹀 *Emberiza aureola*

雄鸟　摄影 / 赵广胜

纲/目/科：鸟纲，雀形目，鹀科。

别　　名：禾花雀。

形态特征：繁殖期雄鸟顶冠栗色，脸黑色；前颈至腹部鲜黄色，胸口有栗色横带，有两道明显的白色翼斑；雌鸟及亚成鸟上体灰褐色，喉至腹部淡黄色。

生活习性：冬候鸟、旅鸟，栖息于平原的高草丛、稻田或芦苇地。

濒危状况：

《濒危野生动植物种国际贸易公约》（CITES）：未列入

省内主要分布：广州、深圳、汕头、佛山、韶关、河源、梅州、惠州、汕尾、阳江、肇庆、清远。

鳄蜥（è xī） *Shinisaurus crocodilurus*

摄影 / 何南

纲/目/科：爬行纲，有鳞目，鳄蜥科。

别　　名：睡蛇、雷公蛇、瑶山鳄蜥。

形态特征：体形似鳄，呈圆柱形；头似蜥蜴，头侧有由眼旁发出的8条深色纵纹；体背有6～7条暗黑色的较宽横纹，体背和体侧被粒鳞；尾背有由大鳞形成2行明显的纵脊。

生活习性：栖息于山区溪流地带，半水栖型。喜栖息在有乔木林、林下有乔灌木藤蔓、地表植被潮湿阴凉、透光度在20%左右、有流水的积水窝附近。晨昏活动，夜间在细枝上熟睡，受惊后立即跃入水中。

濒危状况：

世界自然保护联盟（IUCN）：濒危（EN）

未评估（NE）	数据缺乏（DD）	无危（LC）	近危（NT）	易危（VU）	濒危（EN）	极危（CR）	野外灭绝（EW）	灭绝（EX）

中国生物多样性红色名录：极危（CR）

《濒危野生动植物种国际贸易公约》（CITES）：附录 I

省内主要分布：韶关、茂名。

yuán bí jù xī 圆鼻巨蜥 *Varanus salvator*

纲/目/科：爬行纲，有鳞目，巨蜥科。

别　　名：五爪金龙、巨蜥。

形态特征：鼻孔圆形或椭圆形；体背黑橄榄色，有黄色横行环；尾侧扁如带状，尾背鳞片排成两行矮嵴；四肢粗壮，指（趾）上具有锐利的爪。

生活习性：栖息于山区的溪流附近或沿海的河口、山塘、水库等地。捕食鱼类、蛙、蛇、鸟、鼠及昆虫等。

濒危状况：

世界自然保护联盟（IUCN）：无危（LC）

未评估（NE）	数据缺乏（DD）	无危（LC）	近危（NT）	易危（VU）	濒危（EN）	极危（CR）	野外灭绝（EW）	灭绝（EX）

中国生物多样性红色名录：极危（CR）

《濒危野生动植物种国际贸易公约》（CITES）：附录 II

省内主要分布：阳江、茂名。

注：历史记录，省内多年未见。

摄影 / 李振宇

mǎng shān lào tiě tóu shé 莽山烙铁头蛇 *Protobothrops mangshanensis*

摄影 / 杨道德

纲/目/科：爬行纲，有鳞目，蝰科。

别　　名：莽山原矛头蝮、白尾小青龙。

形态特征：头呈三角形，被细小鳞片，形似烙铁；体背黑褐色，上面密布黄绿色斑纹，尾白色。

生活习性：剧毒。栖息于亚热带常绿阔叶林。

濒危状况：

世界自然保护联盟（IUCN）：濒危（EN）

未评估（NE）	数据缺乏（DD）	无危（LC）	近危（NT）	易危（VU）	濒危（EN）	极危（CR）	野外灭绝（EW）	灭绝（EX）

中国生物多样性红色名录：极危（CR）

《濒危野生动植物种国际贸易公约》（CITES）：附录 II

省内主要分布：韶关。

jīn bān huì fèng dié
金斑喙凤蝶 *Teinopalpus aureus*

纲/目/科：昆虫纲，鳞翅目，凤蝶科。

形态特征：前翅上各有一条弧形金色斑带，后翅中央有金黄色斑块，后缘有月牙形金黄色斑；后翅的尾状突出细长，末端金黄色。

生活习性：亚热带、热带高山物种，栖息于海拔1000～2000 m的常绿阔叶林山地。寄主为木兰科植物。

濒危状况：

世界自然保护联盟（IUCN）：数据缺乏（DD）

未评估（NE）	数据缺乏（DD）	无危（LC）	近危（NT）	易危（VU）	濒危（EN）	极危（CR）	野外灭绝（EW）	灭绝（EX）

中国生物多样性红色名录：数据缺乏（DD）

《濒危野生动植物种国际贸易公约》（CITES）：附录 II

省内主要分布：乳源、连平、连州、阳山。

摄影 / 汤亮

hēi chì yuān
黑翅鸢

国家二级保护野生动物

摄影 / 郑镜明

duǎn wěi hóu

短尾猴 *Macaca arctoides*

摄影 / 邓建新

纲/目/科：哺乳纲，灵长目，猴科。

别　　名：红面猴。

形态特征：体背褐色，腹部颜色较淡；面部裸露，浅红褐色；头骨短而宽，有明显的眉脊；尾非常短，蹲坐时压着尾巴。

生活习性：栖息于山地地区的高地森林中。食果实、种子、昆虫，小型脊椎动物和嫩叶，经常至农田搜寻玉米、稻谷和马铃薯。

濒危状况：

世界自然保护联盟（IUCN）：易危（VU）

未评估（NE）	数据缺乏（DD）	无危（LC）	近危（NT）	易危（VU）	濒危（EN）	极危（CR）	野外灭绝（EW）	灭绝（EX）

中国生物多样性红色名录：易危（VU）

《濒危野生动植物种国际贸易公约》（CITES）：附录 II

省内主要分布：肇庆。

注：历史记录，省内多年未见。

mí hóu
猕猴 *Macaca mulatta*

摄影 / 深山护鸟翁

纲/目/科：哺乳纲，灵长目，猴科。

别　　名：猢狲、黄猴、沐猴、恒河猴、老青猴、广西猴。

形态特征：体型中等，头冠毛发形成圆帽状，面颊长；体毛整体呈褐色，头冠、下体、尾基部泛出橙色；尾中等长度，不是很蓬松。

生活习性：栖息于森林、林地、海岸灌丛以及有灌丛和树木的岩石地区。觅食果实、嫩叶、芽、昆虫、小型脊椎动物和鸟卵。

濒危状况：

世界自然保护联盟（IUCN）→ 无危（LC）

未评估（NE）	数据缺乏（DD）	无危（LC）	近危（NT）	易危（VU）	濒危（EN）	极危（CR）	野外灭绝（EW）	灭绝（EX）

中国生物多样性红色名录 → 无危（LC）

《濒危野生动植物种国际贸易公约》（CITES）：附录 II

省内主要分布：深圳、珠海、韶关、河源、惠州、江门、肇庆、清远。

zàng qiú hóu 藏酋猴 *Macaca thibetana*

纲/目/科：哺乳纲，灵长目，猴科。

别　　名：毛面短尾猴、四川短尾猴、毛面猴、青猴。

形态特征：体型大，毛发长而浓密，体背暗褐色，腹部为较淡的黄白色；裸露的面部呈粉红色，但成年雄性呈红色；头骨比短尾猴更窄、更长；尾短。

生活习性：栖息于海拔较高的热带和亚热带山地森林。食果实、嫩叶、昆虫、小鸟和鸟卵。

濒危状况：

世界自然保护联盟（IUCN）

未评估（NE）	数据缺乏（DD）	无危（LC）	近危（NT）	易危（VU）	濒危（EN）	极危（CR）	野外灭绝（EW）	灭绝（EX）

中国生物多样性红色名录

《濒危野生动植物种国际贸易公约》（CITES）：附录 II

省内主要分布：韶关、惠州、肇庆、清远。

摄影 / 绿水青山

hé 貉 *Nyctereutes procyonoides*

摄影 / 长林头角

纲/目/科：哺乳纲，食肉目，犬科。

别　　名：貉狸、貉子。

形态特征：前额及鼻吻部白色，眼周黑色；颊部覆有蓬松的长毛；胸部、腿和足暗褐色。

生活习性：栖息于阔叶林中开阔、接近水源的地方或开阔草甸、茂密的灌丛带和芦苇地。食两栖动物、软体动物、昆虫、鱼类、小型哺乳类、鸟类和果实、谷物等。夜行性，独居。

濒危状况：

世界自然保护联盟（IUCN）

未评估（NE）	数据缺乏（DD）	无危（LC）	近危（NT）	易危（VU）	濒危（EN）	极危（CR）	野外灭绝（EW）	灭绝（EX）

中国生物多样性红色名录

《濒危野生动植物种国际贸易公约》（CITES）：未列入

省内主要分布：广州、韶关、河源、梅州、惠州、肇庆、清远。

chì hú
赤狐 *Vulpes vulpes*

纲/目/科：哺乳纲，食肉目，犬科。

别　　名：狐狸、草狐、红狐。

形态特征：耳部黑色或褐色，腹部白色；尾蓬松，尾尖白色；具尾下腺，散发出狐臭味。

生活习性：栖息于各种栖息地，喜欢开阔地和植被交错的灌木生境。主食小型地栖乳哺动物、兔类和松鼠。夜行性。

濒危状况：

世界自然保护联盟（IUCN）：无危（LC）

未评估（NE）	数据缺乏（DD）	无危（LC）	近危（NT）	易危（VU）	濒危（EN）	极危（CR）	野外灭绝（EW）	灭绝（EX）

中国生物多样性红色名录：近危（NT）

《濒危野生动植物种国际贸易公约》（CITES）：未列入

省内主要分布：广州、韶关、河源、梅州、惠州、汕尾、茂名、肇庆、清远、揭阳。

摄影 / 心升明月

hēi xióng 黑熊 *Ursus thibetanus*

摄影 / 莫嘉琪

纲/目/科：哺乳纲，食肉目，熊科。

别　　名：月熊、月牙熊、狗熊、黑瞎子。

形态特征：毛色黑亮，胸前具“V”形白斑。

生活习性：栖息于栎树林、阔叶林和混交林，喜欢有森林的山丘和山脉。主要植食性，亦食小型动物。夜行性，独居，但果实成熟时常在白天活动。

濒危状况：

世界自然保护联盟（IUCN）：易危（VU）

未评估（NE）	数据缺乏（DD）	无危（LC）	近危（NT）	易危（VU）	濒危（EN）	极危（CR）	野外灭绝（EW）	灭绝（EX）

中国生物多样性红色名录：易危（VU）

《濒危野生动植物种国际贸易公约》（CITES）：附录 I

省内主要分布：韶关、清远。

huáng hóu diāo 黄喉貂 *Martes flavigula*

摄影 / 曾祥乐

纲/目/科：哺乳纲，食肉目，鼬科。

别　　名：青鼬、蜜狗、黄腰狸、黄腰狐狸。

形态特征：喉部显著的亮黄色；长尾全黑色，不蓬松。

生活习性：栖息于松林、针叶林、潮湿的落叶林。食物有啮齿类、鼠兔、雉鸡、昆虫、水果等。成对捕猎或集小家庭群。昼行性，多在晨昏活动，在靠近人类居住地转为夜行性。

濒危状况：

世界自然保护联盟（IUCN）

未评估（NE）	数据缺乏（DD）	无危（LC）	近危（NT）	易危（VU）	濒危（EN）	极危（CR）	野外灭绝（EW）	灭绝（EX）

中国生物多样性红色名录

《濒危野生动植物种国际贸易公约》（CITES）：附录 Ⅲ

省内主要分布：广州、汕头、韶关、河源、梅州、惠州、肇庆、清远。

bān lín lí 斑林狸 *Prionodon pardicolor*

纲/目/科：哺乳纲，食肉目，林狸科。

别　　名：点斑灵猫、彪、虎灵猫。

形态特征：从前额至肩部有两条黑色的纵纹，体侧有斑点；尾长，有8~10个尾环和白尾尖。

生活习性：栖息于常绿阔叶雨林、亚热带常绿林和季雨林，有时亦觅食于人为干扰的森林和林缘生境。主要捕食小型脊椎动物、鸟卵、昆虫和浆果。树栖，独居，夜行性。

濒危状况：

世界自然保护联盟（IUCN）：无危（LC）

未评估（NE）	数据缺乏（DD）	无危（LC）	近危（NT）	易危（VU）	濒危（EN）	极危（CR）	野外灭绝（EW）	灭绝（EX）

中国生物多样性红色名录：易危（VU）

《濒危野生动植物种国际贸易公约》（CITES）：附录Ⅰ

省内主要分布：韶关、河源、惠州、肇庆、清远。

摄影 / 王英永

bào māo
豹猫 *Prionailurus bengalensis*

摄影 / 小小刚刚

纲/目/科：哺乳纲，食肉目，猫科。

别　　名：铜钱猫。

形态特征：体型似家猫，身上被铜钱状斑点；耳大而尖，耳后黑色，带有白斑点；两条明显的黑色条纹从眼角内侧一直延伸至耳基部，内侧眼角至鼻部有一条白色条纹。

生活习性：栖息地类型较多，可见于茂密的次生林、被采伐地、人工林和农田区及人类居住地附近。捕食小型脊椎动物。夜行性，独居。

濒危状况：

世界自然保护联盟（IUCN）：无危（LC）

未评估（NE）	数据缺乏（DD）	无危（LC）	近危（NT）	易危（VU）	濒危（EN）	极危（CR）	野外灭绝（EW）	灭绝（EX）

中国生物多样性红色名录：易危（VU）

《濒危野生动植物种国际贸易公约》（CITES）：附录 II

省内主要分布：广州、深圳、珠海、汕头、佛山、韶关、河源、梅州、惠州、东莞、江门、阳江、湛江、茂名、肇庆、清远、潮州。

zhāng 獐 *Hydropotes inermis*

纲/目/科：哺乳纲，偶蹄目，鹿科。

别　　名：老獐、牙獐、河麂。

形态特征：雌雄均无角，雄性上犬齿长而侧扁，尾极短。

生活习性：喜栖息于地势低洼的草地和芦苇荡。食草、芦苇、灌木叶。善游泳，较温驯。单独或小群活动。

濒危状况：

世界自然保护联盟（IUCN）：易危（VU）

未评估（NE）	数据缺乏（DD）	无危（LC）	近危（NT）	易危（VU）	濒危（EN）	极危（CR）	野外灭绝（EW）	灭绝（EX）

中国生物多样性红色名录：易危（VU）

《濒危野生动植物种国际贸易公约》（CITES）：未列入

省内主要分布：广州、韶关、河源、梅州、惠州、肇庆、清远。

注：历史记录，省内多年未见。

摄影 / 人头马

shuǐ lù 水鹿 *Cervus equinus*

纲/目/科：哺乳纲，偶蹄目，鹿科。

别　名：黑鹿、春鹿。

形态特征：体大褐色，被毛稀疏而粗糙。雄鹿角通常为3叉，成年雄鹿颈部和背前部长有长鬃毛，尾覆稠密蓬松的黑色长毛，尾下白色；雌鹿无角。

生活习性：栖息于热带和亚热带森林、灌丛、丘陵和次生沼泽。食草、小树的树叶、蕨类和果实。独居或小母子群居，晨昏和夜间活动。

濒危状况：

世界自然保护联盟（IUCN）

未评估（NE）	数据缺乏（DD）	无危（LC）	近危（NT）	易危（VU）	濒危（EN）	极危（CR）	野外灭绝（EW）	灭绝（EX）

中国生物多样性红色名录

《濒危野生动植物种国际贸易公约》（CITES）：未列入

省内主要分布：广州、韶关、河源、梅州、惠州、肇庆、清远。

摄影 / 莫嘉琪

máo guàn lù
毛冠鹿 *Elaphodus cephalophus*

摄影 / 绿水青山

纲/目/科：哺乳纲，偶蹄目，鹿科。

别　名：隐角鹿、簇鹿。

形态特征：头短、泪窝特别大；额部有深色丛毛；尾下白色，耳端、耳基和鼻吻部侧面有白毛。雄性具长犬齿，短而薄的角基盘和小角隐藏在丛毛中。

生活习性：栖息于高湿森林，上达树线，靠近水源。食草、树叶和果实。隐秘，晨昏活动，常单独或成对生活。

濒危状况：

世界自然保护联盟（IUCN）：近危（NT）

未评估（NE）	数据缺乏（DD）	无危（LC）	近危（NT）	易危（VU）	濒危（EN）	极危（CR）	野外灭绝（EW）	灭绝（EX）

中国生物多样性红色名录：近危（NT）

《濒危野生动植物种国际贸易公约》（CITES）：未列入

省内主要分布：韶关、梅州、肇庆、清远。

zhōng huá bān líng 中华斑羚 *Naemorhedus griseus*

纲/目/科：哺乳纲，偶蹄目，牛科。

别　　名：华北山羚、西伯利亚斑羚、麻羊子。

形态特征：头顶具短的深色冠毛和一条清晰的粗的深色背纹；四肢色浅与体色对比鲜明；尾较短而具丛毛。

生活习性：栖息于常绿和落叶林中陡峭多岩石地区，特别喜欢多草山脊活动。食草、枝叶和果实。独居或集小群，清晨和黄昏活动。

濒危状况：

世界自然保护联盟（IUCN）

未评估（NE）	数据缺乏（DD）	无危（LC）	近危（NT）	易危（VU）	濒危（EN）	极危（CR）	野外灭绝（EW）	灭绝（EX）

中国生物多样性红色名录

《濒危野生动植物种国际贸易公约》（CITES）：附录Ⅰ

省内主要分布：韶关、清远。

注：历史记录，省内多年未见。

摄影 / 徐永春

zhōng huá liè líng 中华鬣羚 *Capricornis milneedwardsii*

纲/目/科：哺乳纲，偶蹄目，牛科。

别　　名：苏门羚、山驴子、岩驴、四不像。

形态特征：体高腿长，腿部带灰或红灰色；具向后弯的短角，颈部有黑色或夹杂着白色的长鬃毛。

生活习性：栖息于崎岖陡峭多岩石的丘陵地区，特别是高海拔的石灰岩地区。采食多种植物的树叶和幼苗。大部分夜间活动，独居。

濒危状况：

世界自然保护联盟（IUCN）：易危（VU）

未评估（NE）	数据缺乏（DD）	无危（LC）	近危（NT）	易危（VU）	濒危（EN）	极危（CR）	野外灭绝（EW）	灭绝（EX）

中国生物多样性红色名录：易危（VU）

《濒危野生动植物种国际贸易公约》（CITES）：附录 I

省内主要分布：广州、韶关、河源、梅州、惠州、肇庆、清远。

摄影 / 李成

bái méi shān zhè gū 白眉山鹧鸪 *Arborophila gingica*

纲/目/科：鸟纲，鸡形目，雉科。

别　　名：山鹁鸪、山鸡、新竹鸡。

形态特征：额、眉白色，头顶栗红色；颈项上具黑、白及巧克力色环带；脚粉红色。

生活习性：留鸟，栖息于海拔300～1800 m的山地，原生林与次生林及竹林等地，喜在山谷及靠近河流的湿润生境中活动。

濒危状况：

世界自然保护联盟（IUCN）：近危（NT）

未评估（NE）	数据缺乏（DD）	无危（LC）	近危（NT）	易危（VU）	濒危（EN）	极危（CR）	野外灭绝（EW）	灭绝（EX）

中国生物多样性红色名录：易危（VU）

《濒危野生动植物种国际贸易公约》（CITES）：未列入

省内主要分布：广州、韶关、河源、惠州、揭阳。

摄影 / 大民

hóng yuán jī
红原鸡 *Gallus gallus*

雄鸟 摄影 / 大民

纲/目/科：鸟纲，鸡形目，雉科。

别　　名：茶花鸡、原鸡。

形态特征：体形近似家鸡，雌雄异色。雄鸟头具红色肉冠，中央两枚尾羽最长，下垂如镰刀状；雌鸟颈棕黄色。

生活习性：留鸟，栖息于低山丘陵区森林或平原灌丛，有时亦至耕地及村落附近活动。

濒危状况：

世界自然保护联盟（IUCN）：无危（LC）

未评估（NE）	数据缺乏（DD）	无危（LC）	近危（NT）	易危（VU）	濒危（EN）	极危（CR）	野外灭绝（EW）	灭绝（EX）

中国生物多样性红色名录：近危（NT）

《濒危野生动植物种国际贸易公约》（CITES）：未列入

省内主要分布：阳江、湛江、茂名、云浮。

bái xián 白鹇 *Lophura nycthemera*

左雌右雄 **摄影 / 杜校松** 广东省省鸟

纲/目/科：鸟纲，鸡形目，雉科。

别　　名：银鸡、银雉、越鸟、越禽、白雉。

形态特征：雄鸟头顶、冠羽及下体黑色，脸颊裸皮鲜红色，背部白色具黑色斑纹；雌鸟具黑褐色冠羽，外侧尾羽黑色具白色斑纹。

生活习性：留鸟，栖息于海拔300 ~ 1900 m的山地森林，尤喜森林茂密且林下稀疏的近水沟谷。

濒危状况：

世界自然保护联盟（IUCN）：无危（LC）

未评估（NE）	数据缺乏（DD）	无危（LC）	近危（NT）	易危（VU）	濒危（EN）	极危（CR）	野外灭绝（EW）	灭绝（EX）

中国生物多样性红色名录：无危（LC）

《濒危野生动植物种国际贸易公约》（CITES）：未列入

省内主要分布：广东省内广泛分布。

栗树鸭 *Dendrocygna javanica*

lì shù yā

纲/目/科：鸟纲，雁形目，鸭科。

别　　名：树鸭、尼鸭、啸鸭。

形态特征：喙黑色，具黄色眼圈，尾上覆羽棕色，飞翔时黑脚伸出尾外。

生活习性：留鸟为主，栖息于树木环绕的小型浅水水域，如小池塘、稻田等。人类干扰少、浮水植物充足时，亦会集群在大型开阔水域栖息。

濒危状况：

世界自然保护联盟（IUCN）

未评估（NE）	数据缺乏（DD）	无危（LC）	近危（NT）	易危（VU）	濒危（EN）	极危（CR）	野外灭绝（EW）	灭绝（EX）

中国生物多样性红色名录

《濒危野生动植物种国际贸易公约》（CITES）：未列入

省内主要分布：汕头、佛山、湛江。

摄影 / 赵广胜

hóng yàn 鸿雁 *Anser cygnoid*

摄影 / 黄真

纲/目/科：鸟纲，雁形目，鸭科。

别　　名：原鹅、大雁、洪雁、冠雁、沙雁、黑嘴雁。

形态特征：上嘴基部白线环绕；前颈白色，与后颈有一道明显界线。

生活习性：冬候鸟，栖息于湖泊、沿海滩涂等地，通常于夜间在农田、草地中觅食，植食性。

濒危状况：

	世界自然保护联盟（IUCN）							
未评估（NE）	数据缺乏（DD）	无危（LC）	近危（NT）	易危（VU）	濒危（EN）	极危（CR）	野外灭绝（EW）	灭绝（EX）
				中国生物多样性红色名录				

《濒危野生动植物种国际贸易公约》（CITES）：未列入

省内主要分布：汕头、湛江。

bái é yàn 白额雁 *Anser albifrons*

纲/目/科：鸟纲，雁形目，鸭科。

别　　名：花斑、明斑、大雁。

形态特征：白色斑块环绕嘴基，腹部具大块黑斑，雏鸟黑斑小；腿橘黄色，停歇时翅尖与尾尖平齐。

生活习性：冬候鸟，栖息于农田、湖泊和河道边滩涂等环境中，集群活动。

濒危状况：

世界自然保护联盟（IUCN）：无危（LC）

未评估（NE）	数据缺乏（DD）	无危（LC）	近危（NT）	易危（VU）	濒危（EN）	极危（CR）	野外灭绝（EW）	灭绝（EX）

中国生物多样性红色名录：无危（LC）

《濒危野生动植物种国际贸易公约》（CITES）：未列入

省内主要分布：汕头。

幼鸟　摄影 / 黄真

xiǎo bái é yàn
小白额雁 *Anser erythropus*

摄影 / 姚毅

纲/目/科：鸟纲，雁形目，鸭科。

别　　名：弱雁。

形态特征：与白额雁的区别在于体型较小，喙、颈较短，喙基和额部有显著的白斑，眼圈黄色，腹部黑色斑块较小，停歇时翅尖超过尾尖。

生活习性：冬候鸟，觅食于农田、滩涂、草地等处，夜栖于湖泊、宽阔河道，集群活动。

濒危状况：

世界自然保护联盟（IUCN）：易危（VU）

未评估（NE）	数据缺乏（DD）	无危（LC）	近危（NT）	易危（VU）	濒危（EN）	极危（CR）	野外灭绝（EW）	灭绝（EX）

中国生物多样性红色名录：易危（VU）

《濒危野生动植物种国际贸易公约》（CITES）：未列入

省内主要分布：广东东南沿海地区，但十分罕见。

xiǎo tiān é 小天鹅 *Cygnus columbianus*

纲/目/科：鸟纲，雁形目，鸭科。

别　　名：短嘴天鹅、啸声天鹅、苔原天鹅。

形态特征：喙黑色但基部黄色区域较大天鹅小，黄斑不至鼻孔，多呈梯形状。

生活习性：冬候鸟，栖息于水生植物丰富的宽阔浅水湖泊，亦会在草滩或农田中觅食。

濒危状况：

世界自然保护联盟（IUCN）

未评估（NE）	数据缺乏（DD）	无危（LC）	近危（NT）	易危（VU）	濒危（EN）	极危（CR）	野外灭绝（EW）	灭绝（EX）

中国生物多样性红色名录

《濒危野生动植物种国际贸易公约》（CITES）：未列入

省内主要分布：深圳、湛江。

摄影 / 閑雲

yuān yāng 鸳鸯 *Aix galericulata*

纲/目/科：鸟纲，雁形目，鸭科。

别　　名：中国官鸭、邓木鸟。

形态特征：雄鸟喙红色，头有冠羽，眼后有宽阔的白色眉纹，翅上有一对栗黄色直立羽，如帆；雌鸟喙黑色，眼周白色，眉纹细白。

生活习性：冬候鸟为主，韶关车八岭有繁殖记录，冬季栖息于较开阔水域，亦会见于溪流中。

濒危状况：

世界自然保护联盟（IUCN）：无危（LC）

未评估（NE）	数据缺乏（DD）	无危（LC）	近危（NT）	易危（VU）	濒危（EN）	极危（CR）	野外灭绝（EW）	灭绝（EX）

中国生物多样性红色名录：近危（NT）

《濒危野生动植物种国际贸易公约》（CITES）：未列入

省内主要分布：广州、珠海、韶关、河源、梅州、惠州、汕尾、湛江。

前雄后雌

摄影 / 谢建国

mián fú 棉凫 *Nettapus coromandelianus*

纲/目/科：鸟纲，雁形目，鸭科。

别　　名：棉花小鸭、小白鸭子、八鸭、棉鸭。

形态特征：雄鸟具墨绿色颈环，背部及覆羽墨绿色，飞羽黑白相间；雌鸟有暗褐色过眼纹，上体棕色。

生活习性：留鸟为主，部分冬季南迁，栖息于有浮水或挺水植物的平静淡水域，甚少上岸。

濒危状况：

世界自然保护联盟（IUCN）：无危（LC）

未评估（NE）	数据缺乏（DD）	无危（LC）	近危（NT）	易危（VU）	濒危（EN）	极危（CR）	野外灭绝（EW）	灭绝（EX）

中国生物多样性红色名录：濒危（EN）

《濒危野生动植物种国际贸易公约》（CITES）：未列入

省内主要分布：广州、深圳、河源、梅州、中山、肇庆。

左二雌，右二雄　摄影／视觉中国

huā liǎn yā 花脸鸭 *Sibirionetta formosa*

纲/目/科：鸟纲，雁形目，鸭科。

形态特征：雄鸟脸具黄、绿、黑、白等多种色彩组成的花斑，胸部粉棕色具斑点；雌鸟喙基具白色圆斑。

生活习性：冬候鸟，非繁殖期活动于淡水或半咸水的湖泊、河流、沼泽、水库等开阔水域，亦至稻田觅食。

濒危状况：

世界自然保护联盟（IUCN）：无危（LC）

未评估（NE）	数据缺乏（DD）	无危（LC）	近危（NT）	易危（VU）	濒危（EN）	极危（CR）	野外灭绝（EW）	灭绝（EX）

中国生物多样性红色名录：近危（NT）

《濒危野生动植物种国际贸易公约》（CITES）：附录 II

省内主要分布：广州、深圳、汕头、河源、梅州、湛江。

雄鸟　摄影 / 宋惠东

bān tóu qiū shā yā
斑头秋沙鸭 *Mergellus albellus*

雄鸟　摄影 / 李洪文

纲/目/科： 鸟纲，雁形目，鸭科。

别　　名： 白秋沙鸭、小秋沙鸭、川秋沙鸭。

形态特征： 雄鸟体羽以黑白色为主，眼周、枕部、背黑色，两翅灰黑色；雌鸟上体黑褐色，下体白色，头顶栗色，延伸至下喙基，眼先深色。

生活习性： 冬候鸟，越冬期见于开阔水面上，但较少在海上出现，潜水觅食。

濒危状况：

世界自然保护联盟（IUCN）：无危（LC）

未评估（NE）	数据缺乏（DD）	无危（LC）	近危（NT）	易危（VU）	濒危（EN）	极危（CR）	野外灭绝（EW）	灭绝（EX）

中国生物多样性红色名录：无危（LC）

《濒危野生动植物种国际贸易公约》（CITES）：未列入

省内主要分布： 深圳。

hēi jǐng pì tī 黑颈䴙䴘 *Podiceps nigricollis*

纲/目/科：鸟纲，䴙䴘目，䴙䴘科。

形态特征：夏羽眼后有呈扇形的金黄色饰羽，颈部黑色；冬羽黑色的头冠延伸至眼下并向脸颊突出，颈部灰色。

生活习性：冬候鸟，出没于内陆淡水湖泊、沼泽、水塘和河流。

濒危状况：

未评估（NE）	数据缺乏（DD）	无危（LC）	近危（NT）	易危（VU）	濒危（EN）	极危（CR）	野外灭绝（EW）	灭绝（EX）

中国生物多样性红色名录

《濒危野生动植物种国际贸易公约》（CITES）：未列入

省内主要分布：汕头。

繁殖羽　摄影 / 家乡有宝

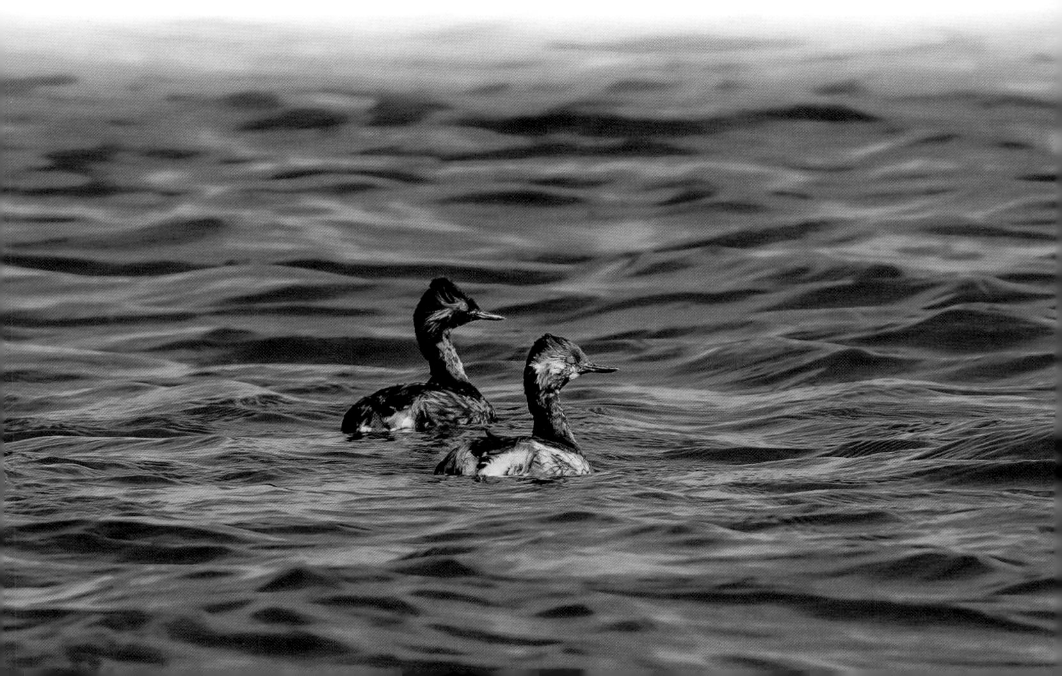

bān wěi juān jiū
斑尾鹃鸠 *Macropygia unchall*

纲/目/科：鸟纲，鸽形目，鸠鸽科。

别　　名：花斑咖追。

形态特征：雄鸟头灰，颈背呈亮蓝绿色，背部及尾羽具黑色或褐色横斑；雌鸟颈部无亮蓝绿色。

生活习性：留鸟，栖息于山地常绿阔叶林或次生林灌丛，亦见于低地的农田。

濒危状况：

世界自然保护联盟（IUCN）

未评估（NE）	数据缺乏（DD）	无危（LC）	近危（NT）	易危（VU）	濒危（EN）	极危（CR）	野外灭绝（EW）	灭绝（EX）

中国生物多样性红色名录

《濒危野生动植物种国际贸易公约》（CITES）：未列入

省内主要分布：深圳、珠海、韶关、河源、惠州、江门、肇庆。

雄鸟　摄影／甄军

lǜ huáng jiū
绿皇鸠 *Ducula aenea*

摄影 / 柳浪

纲/目/科：鸟纲，鸽形目，鸠鸽科。

别　　名：大绿斑鸠、绿南鸠、大绿鸠、大青咖追。

形态特征：头、颈及下体浅粉灰色，上体深绿并具形态特征性金属色，尾下覆羽栗色。

生活习性：留鸟，栖息于低山阔叶林、红树林，单独或成对活动于树冠层，较少至地面活动。

濒危状况：

世界自然保护联盟（IUCN）

未评估（NE）	数据缺乏（DD）	无危（LC）	近危（NT）	易危（VU）	濒危（EN）	极危（CR）	野外灭绝（EW）	灭绝（EX）

中国生物多样性红色名录

《濒危野生动植物种国际贸易公约》（CITES）：未列入

省内主要分布：广州、惠州、茂名，现已十分罕见。

huī hóu zhēn wěi yǔ yàn 灰喉针尾雨燕 *Hirundapus cochinchinensis*

纲/目/科：鸟纲，夜鹰目，雨燕科。

别　　名：白背针尾雨燕、银背针尾雨燕。

形态特征：前额无白色斑点，喉灰色，体深棕色，尾下呈长月牙形白斑，飞行时可见略显钝针尾。

生活习性：旅鸟，出没于海岛、海岸和陆地的山地森林，飞行中捕食昆虫。

濒危状况：

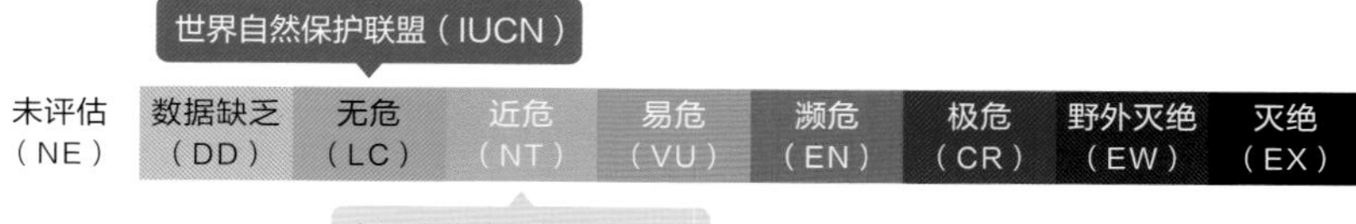

《濒危野生动植物种国际贸易公约》（CITES）：未列入

省内主要分布：广州、韶关、肇庆，偶见。

摄影 / 陈鸿杰

hè chì yā juān

褐翅鸦鹃 *Centropus sinensis*

摄影 / 黄真

纲/目/科：鸟纲，鹃形目，杜鹃科。

别　　名：大毛鸡、红毛鸡、毛鸡、红鹁、绿结鸡、落谷。

形态特征：通体蓝黑色具金属光泽，翼羽为鲜艳的栗色，虹膜红色。

生活习性：留鸟，通常活动于海拔1200 m以下的次生林、高草地、灌丛、竹林、耕地边缘的草堆、红树林、稻田、花园等地。

濒危状况：

世界自然保护联盟（IUCN）：无危（LC）

未评估（NE）	数据缺乏（DD）	无危（LC）	近危（NT）	易危（VU）	濒危（EN）	极危（CR）	野外灭绝（EW）	灭绝（EX）

中国生物多样性红色名录：无危（LC）

《濒危野生动植物种国际贸易公约》（CITES）：未列入

省内主要分布：广州、深圳、珠海、汕头、佛山、韶关、梅州、惠州、汕尾、东莞、中山、江门、阳江、湛江、茂名、肇庆、清远、揭阳、云浮。

xiǎo yā juān 小鸦鹃 *Centropus bengalensis*

纲/目/科：鸟纲，鹃形目，杜鹃科。

别　　名：小毛鸡、小乌鸦雉、小雉喀咕、小黄蜂。

形态特征：头至腹、尾羽黑褐色，翼羽棕褐色；尾长，似褐翅鸦鹃，但体型小，羽毛色彩黯淡，色泽显污浊，背部羽毛的羽轴清晰可见，虹膜黑褐色。

生活习性：留鸟，栖息于海拔1500 m以下的高草堆、芦苇丛、沼泽、竹林、次生林、开阔的郊区或耕地等生境。

濒危状况：

世界自然保护联盟（IUCN）

未评估（NE）	数据缺乏（DD）	无危（LC）	近危（NT）	易危（VU）	濒危（EN）	极危（CR）	野外灭绝（EW）	灭绝（EX）

中国生物多样性红色名录

《濒危野生动植物种国际贸易公约》（CITES）：未列入

省内主要分布：广州、深圳、珠海、汕头、佛山、韶关、梅州、惠州、汕尾、东莞、中山、江门、阳江、湛江、茂名、肇庆、清远、揭阳、云浮。

摄影 / 889974

huā tián jī
花田鸡 *Coturnicops exquisitus*

摄影 / 范怀良

纲/目/科：鸟纲，鹤形目，秧鸡科。

形态特征：上体呈褐色，具有黑色纵纹及白色的细小横斑；喉部白色，尾部短而上翘。

生活习性：冬候鸟，栖息于潮湿草滩和沼泽，或湿地边的高草生境。

濒危状况：

世界自然保护联盟（IUCN）

未评估（NE）	数据缺乏（DD）	无危（LC）	近危（NT）	易危（VU）	濒危（EN）	极危（CR）	野外灭绝（EW）	灭绝（EX）

中国生物多样性红色名录

《濒危野生动植物种国际贸易公约》（CITES）：未列入

省内主要分布：广州，偶见。

zōng bèi tián jī 棕背田鸡 *Zapornia bicolor*

摄影 / 酷兄

纲/目/科：鸟纲，鹤形目，秧鸡科。

形态特征：雄雌同色。喙偏绿色，喙基有红色斑；头、胸暗灰色，后颈、背、翼覆羽亮棕色，尾短近黑色上翘。

生活习性：留鸟，栖息于海拔1000 ~ 1900 m的常绿阔叶林边的沼泽、溪流、农田、草丛、灌丛。

濒危状况：

世界自然保护联盟（IUCN）：无危（LC）

未评估（NE）	数据缺乏（DD）	无危（LC）	近危（NT）	易危（VU）	濒危（EN）	极危（CR）	野外灭绝（EW）	灭绝（EX）

中国生物多样性红色名录：无危（LC）

《濒危野生动植物种国际贸易公约》（CITES）：未列入

省内主要分布：韶关。

bān xié tián jī 斑胁田鸡 *Zapornia paykullii*

纲/目/科：鸟纲，鹤形目，秧鸡科。

形态特征：头侧及胸部锈棕色，两胁及下腹有黑白相间的横斑；翼上有白色横斑，脚红色。

生活习性：旅鸟，栖息于多草的湖泊、水潭和农田中，亦见于低山林边的湿润草地。

濒危状况：

世界自然保护联盟（IUCN）

未评估（NE）	数据缺乏（DD）	无危（LC）	近危（NT）	易危（VU）	濒危（EN）	极危（CR）	野外灭绝（EW）	灭绝（EX）

中国生物多样性红色名录

《濒危野生动植物种国际贸易公约》（CITES）：未列入

省内主要分布：广州。

摄影 / 异界

zǐ shuǐ jī 紫水鸡 *Porphyrio porphyrio*

纲/目/科：鸟纲，鹤形目，秧鸡科。

形态特征：通体蓝紫色，鲜红色喙膨大而粗短，具鲜红色额甲，在灰蓝色的头前极为醒目。

生活习性：留鸟，活动于海拔1900 m以下流速较缓或平静、多植被覆盖的开阔水面和富营养化的湿地。

濒危状况：

世界自然保护联盟（IUCN）

未评估（NE）	数据缺乏（DD）	无危（LC）	近危（NT）	易危（VU）	濒危（EN）	极危（CR）	野外灭绝（EW）	灭绝（EX）

中国生物多样性红色名录

《濒危野生动植物种国际贸易公约》（CITES）：未列入

省内主要分布：汕头、汕尾、潮州。

摄影／许国强

huī hè 灰鹤 *Grus grus*

纲/目/科：鸟纲，鹤形目，鹤科。

别　　名：千岁鹤、玄鹤、番薯鹤。

形态特征：通体灰色，前额、眼先、脑后、喉和颈前黑色，头顶红色，眼后有一条宽的白色纹延伸至颈背。

生活习性：冬候鸟，迁徙及越冬时主要栖息在河流、湖泊、水库或海岸附近，常至开阔的农田和休耕地中觅食。

濒危状况：

世界自然保护联盟（IUCN）

未评估（NE）	数据缺乏（DD）	无危（LC）	近危（NT）	易危（VU）	濒危（EN）	极危（CR）	野外灭绝（EW）	灭绝（EX）

中国生物多样性红色名录

《濒危野生动植物种国际贸易公约》（CITES）：附录 II

省内主要分布：广州、汕头，偶见。

摄影 / 松原笑口常开

shuǐ zhì
水雉 *Hydrophasianus chirurgus*

繁殖羽　摄影 / 田穗兴

纲/目/科：鸟纲，鸻形目，水雉科。

形态特征：头和前颈白色，后颈金黄色；翅白色，尾长且呈深褐色，脚趾长；冬羽下体白色。

生活习性：夏候鸟为主，栖息于多浮水植物的淡水湖泊、池塘、沼泽、稻田，尤喜菱角田、芡实田等生境，迁徙时偶尔见于沿海地带，集小群活动。

濒危状况：

世界自然保护联盟（IUCN）：无危（LC）

未评估（NE）	数据缺乏（DD）	无危（LC）	近危（NT）	易危（VU）	濒危（EN）	极危（CR）	野外灭绝（EW）	灭绝（EX）

中国生物多样性红色名录：近危（NT）

《濒危野生动植物种国际贸易公约》（CITES）：未列入

省内主要分布：广州、汕头、佛山、河源、梅州、阳江、肇庆、清远。

bàn pǔ yù 半蹼鹬 *Limnodromus semipalmatus*

繁殖羽　**摄影 / 郑康华**

纲/目/科：鸟纲，鸻形目，鹬科。

形态特征：喙长而直，黑色，端部略微膨大；腰部具斑纹，无白色；繁殖羽颈、胸至下腹棕红色。

生活习性：旅鸟，集群迁徙，非繁殖期活动于沿海滩涂、河口、沼泽、盐田、鱼塘等湿地环境。

濒危状况：

世界自然保护联盟（IUCN）：近危（NT）

未评估（NE）	数据缺乏（DD）	无危（LC）	近危（NT）	易危（VU）	濒危（EN）	极危（CR）	野外灭绝（EW）	灭绝（EX）

中国生物多样性红色名录：近危（NT）

《濒危野生动植物种国际贸易公约》（CITES）：未列入

省内主要分布：深圳、汕头、阳江、湛江。

xiǎo sháo yù 小杓鹬 *Numenius minutus*

纲/目/科：鸟纲，鸻形目，鹬科。

别　　名：小油老罐。

形态特征：喙尖细，比头略长，呈肉红色，端部褐色；具黑褐色贯眼纹，体侧带棕色调，腰至背无白色。

生活习性：旅鸟，活动于湿地附近干燥的开阔草地或耕地，迁徙时偶见于河岸、沼泽或滩涂地带。

濒危状况：

世界自然保护联盟（IUCN）：无危（LC）

未评估（NE）	数据缺乏（DD）	无危（LC）	近危（NT）	易危（VU）	濒危（EN）	极危（CR）	野外灭绝（EW）	灭绝（EX）

中国生物多样性红色名录：近危（NT）

《濒危野生动植物种国际贸易公约》（CITES）：未列入

省内主要分布：广州、汕头、江门、湛江。

摄影 / 黄真

bái yāo sháo yù 白腰杓鹬 *Numenius arquata*

摄影 / 郑康华

纲/目/科：鸟纲，鸻形目，鹬科。

形态特征：喙长而下弯，与大杓鹬区别于腰及尾下覆羽白色，无斑纹。

生活习性：冬候鸟为主，非繁殖期活动于沿海滩涂、海湾、河口潮间带，偶至农田觅食。

濒危状况：

世界自然保护联盟（IUCN）：近危（NT）

未评估（NE）	数据缺乏（DD）	无危（LC）	近危（NT）	易危（VU）	濒危（EN）	极危（CR）	野外灭绝（EW）	灭绝（EX）

中国生物多样性红色名录：近危（NT）

《濒危野生动植物种国际贸易公约》（CITES）：未列入

省内主要分布：广州、深圳、汕头、河源、梅州、汕尾、江门、阳江、湛江、潮州、揭阳。

dà sháo yù 大杓鹬 *Numenius madagascariensis*

纲/目/科：鸟纲，鸻形目，鹬科。

形态特征：喙极长而下弯，可长达18 cm；与白腰杓鹬区别于腰及尾下覆羽具斑纹，无白色。

生活习性：冬候鸟为主，迁徙时活动于沿海滩涂和河口潮间带，越冬时多活动于红树林、盐沼等多海草的沿海湿地，偶至耕地。

濒危状况：

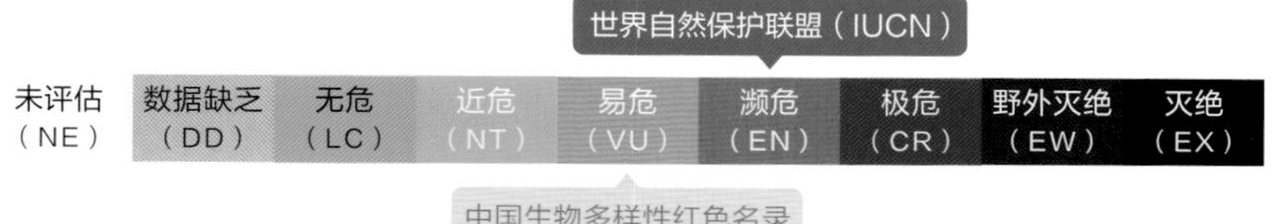

《濒危野生动植物种国际贸易公约》（CITES）：未列入

省内主要分布：深圳、汕头、汕尾、阳江、湛江、潮州、揭阳。

摄影 / 逐日三省

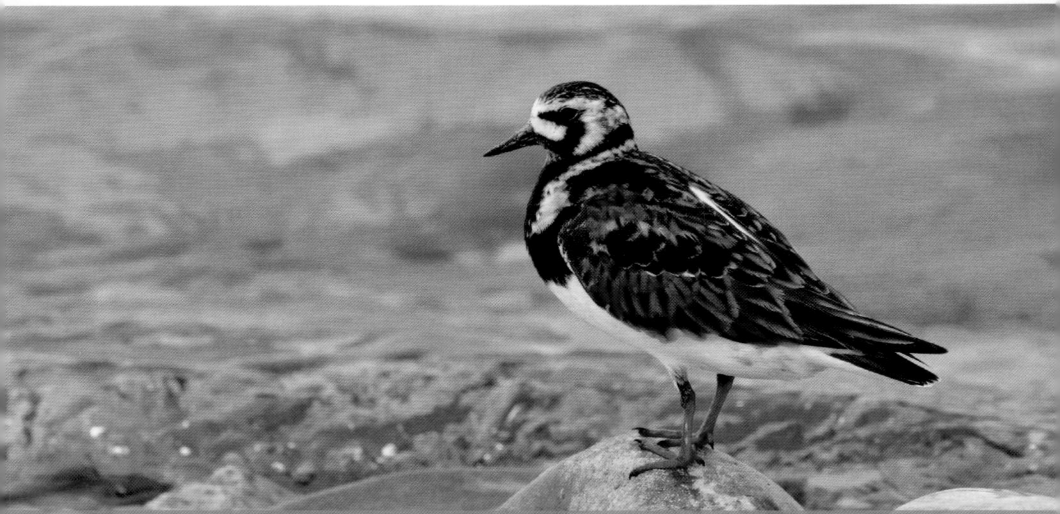

fān shí yù 翻石鹬 *Arenaria interpres*

繁殖羽　摄影 / 清风789

纲/目/科：鸟纲，鸻形目，鹬科。

形态特征：繁殖羽头、颈部有大块黑白色，翼羽棕红色，翼覆羽、背羽、尾羽带白色，脚橙红色；非繁殖羽头部灰黑色，翼羽暗褐色，脚偏黄色。

生活习性：旅鸟为主，少量越冬于华南沿海，活动于海岸带，包括盐沼、礁石、堤岸、沙滩、泥滩、盐田和内陆湖泊等，偶至草地和耕地觅食。

濒危状况：

《濒危野生动植物种国际贸易公约》（CITES）：未列入

省内主要分布：深圳、汕头、阳江、湛江、潮州、揭阳。

dà bīn yù
大滨鹬 *Calidris tenuirostris*

繁殖羽　　摄影 / 郑康华

纲/目/科：鸟纲，鸻形目，鹬科。

形态特征：喙比头长，胸及两胁具密集的斑点，翼羽具栗红色和黑色的斑块，尾羽黑色。

生活习性：冬候鸟为主，活动于沿海软质泥滩、沙滩、盐田等咸水湿地生境中，甚少至内陆淡水环境。

濒危状况：

未评估（NE）	数据缺乏（DD）	无危（LC）	近危（NT）	易危（VU）	濒危（EN）	极危（CR）	野外灭绝（EW）	灭绝（EX）

中国生物多样性红色名录

《濒危野生动植物种国际贸易公约》（CITES）：未列入

省内主要分布：阳江、湛江。

kuò zuǐ yù
阔嘴鹬 *Calidris falcinellus*

纲/目/科：鸟纲，鸻形目，鹬科。

形态特征：喙尖下弯，头顶“西瓜纹”明显，翼角具黑色块斑。繁殖羽色棕、非繁殖羽色灰白，腰至尾羽中央贯穿黑色羽毛，脚暗黄褐色。

生活习性：冬候鸟为主，活动于沿海滩涂、河口、盐田、潟湖、沼泽、池塘、湖泊等湿地生境。

濒危状况：

世界自然保护联盟（IUCN）

未评估（NE）	数据缺乏（DD）	无危（LC）	近危（NT）	易危（VU）	濒危（EN）	极危（CR）	野外灭绝（EW）	灭绝（EX）

中国生物多样性红色名录

《濒危野生动植物种国际贸易公约》（CITES）：未列入

省内主要分布：深圳、汕头、阳江。

繁殖羽 摄影 / 柳浪

dà fèng tóu yàn ōu 大凤头燕鸥 *Thalasseus bergii*

纲/目/科：鸟纲，鸻形目，鸥科。

形态特征：喙鹅黄色，长而尖细，脚黑色。繁殖羽冠羽至枕部黑色，额及眼先白色，上体及翼羽深灰色；非繁殖羽眼睛完全显露，头顶近额部褪为白色，显得斑驳。

生活习性：留鸟，繁殖期营巢于无人海岛，非繁殖期继续在海洋上游荡，偶尔休憩在海岸滩涂、鱼塘、盐池等浅滩。

濒危状况：

世界自然保护联盟（IUCN）

未评估（NE）	数据缺乏（DD）	无危（LC）	近危（NT）	易危（VU）	濒危（EN）	极危（CR）	野外灭绝（EW）	灭绝（EX）

中国生物多样性红色名录

《濒危野生动植物种国际贸易公约》（CITES）：未列入

省内主要分布：汕头、阳江、湛江、潮州、揭阳。

非繁殖羽　摄影 / 深蓝09

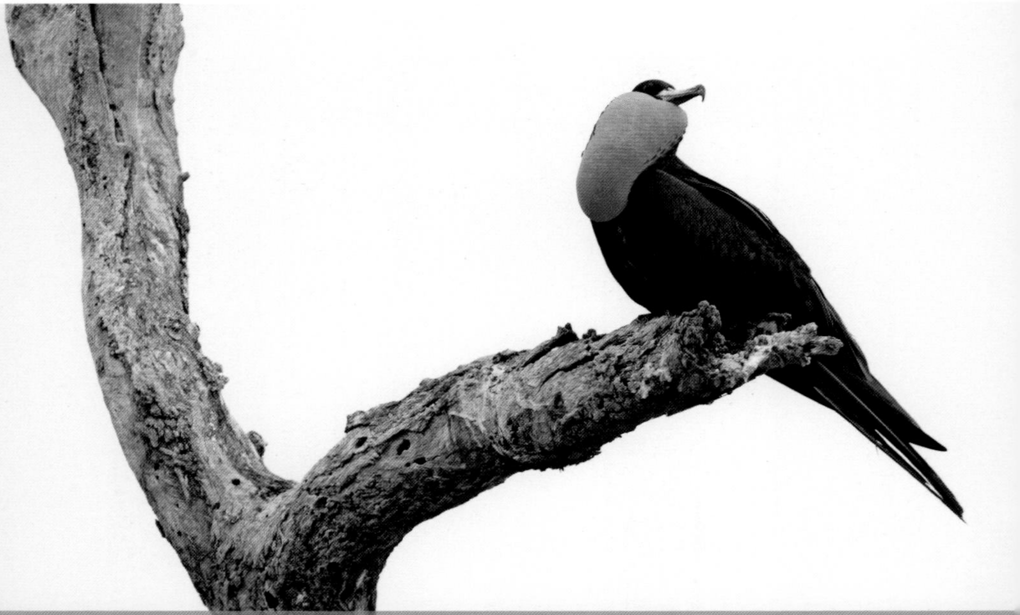

hēi fù jūn jiàn niǎo 黑腹军舰鸟 *Fregata minor*

雄鸟　**摄影 / 谢建国**

纲/目/科：鸟纲，鲣鸟目，军舰鸟科。

形态特征：喙灰色较长，前端具钩。雄鸟全身黑色，具红色喉囊；雌鸟颏喉白色且延伸至前胸。

生活习性：活动于沿海至远洋的热带海洋，繁殖期栖息于海岛上，其他季节翱翔于海面寻找食物。

濒危状况：

《濒危野生动植物种国际贸易公约》（CITES）：未列入

省内主要分布：广东沿海地区偶见，外海有分布。

bái bān jūn jiàn niǎo

白斑军舰鸟 *Fregata ariel*

雄鸟　　摄影 / 郑康华

纲/目/科：鸟纲，鲣鸟目，军舰鸟科。

形态特征：雄鸟全身黑色，具红色喉囊，翼下至两胁具白斑；雌鸟上腹和腋羽白色，白色斑块不及下腹。

生活习性：活动于热带海洋的远洋海面，整日翱翔于海面寻找食物，具有抢劫食物的行为。

濒危状况：

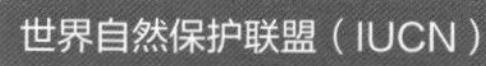

未评估（NE）	数据缺乏（DD）	无危（LC）	近危（NT）	易危（VU）	濒危（EN）	极危（CR）	野外灭绝（EW）	灭绝（EX）

中国生物多样性红色名录

《濒危野生动植物种国际贸易公约》（CITES）：未列入

省内主要分布：广州、珠海、汕头、湛江，外海有分布。

hóng jiǎo jiān niǎo 红脚鲣鸟 *Sula sula*

纲/目/科：鸟纲，鲣鸟目，鲣鸟科。

别　　名：鲣鸟。

形态特征：喙部粗壮，呈灰蓝圆锥形，基部红色；眼周蓝色；红囊小，肉红色；红脚，全蹼足。

生活习性：活动于近海至远海的洋面，常翱翔于海面寻找鱼类，擅长飞行、游泳和潜水，于陆地繁殖。

濒危状况：

世界自然保护联盟（IUCN）

未评估（NE）	数据缺乏（DD）	无危（LC）	近危（NT）	易危（VU）	濒危（EN）	极危（CR）	野外灭绝（EW）	灭绝（EX）

中国生物多样性红色名录

《濒危野生动植物种国际贸易公约》（CITES）：未列入

省内主要分布：珠海、汕头，在深圳有过救助记录。

摄影 / 海石

hè jiān niǎo 褐鲣鸟 *Sula leucogaster*

摄影 / 周哲

纲/目/科：鸟纲，鲣鸟目，鲣鸟科。

形态特征：喙黄绿色；上体和头胸棕褐色，腹部和翼下白色，尾褐色。

生活习性：活动于沿海至远洋的热带海洋，喜集群翱翔于海面觅食鱼类，擅长潜水和游泳。

濒危状况：

世界自然保护联盟（IUCN）：无危（LC）

未评估（NE）	数据缺乏（DD）	无危（LC）	近危（NT）	易危（VU）	濒危（EN）	极危（CR）	野外灭绝（EW）	灭绝（EX）

中国生物多样性红色名录：无危（LC）

《濒危野生动植物种国际贸易公约》（CITES）：未列入

省内主要分布：汕头，外海有分布。

hǎi lú cí
海鸬鹚 *Phalacrocorax pelagicus*

纲/目/科：鸟纲，鲣鸟目，鸬鹚科。

别　　名：乌鹈。

形态特征：体羽黑色，眼周裸皮红色，脚灰色。

生活习性：冬候鸟，栖息于海岛或沿海地带，偶尔见于河口的海湾，常集群停栖于海中礁石或峭壁上。

濒危状况：

世界自然保护联盟（IUCN）

未评估（NE）	数据缺乏（DD）	无危（LC）	近危（NT）	易危（VU）	濒危（EN）	极危（CR）	野外灭绝（EW）	灭绝（EX）

中国生物多样性红色名录

《濒危野生动植物种国际贸易公约》（CITES）：未列入

省内主要分布：深圳，偶见。

繁殖羽　摄影 / 徐永春

白琵鹭（bái pí lù） *Platalea leucorodia*

摄影 / 郑康华

纲/目/科：鸟纲，鹈形目，鹮科。

别　　名：琵琶嘴鹭、琵琶鹭。

形态特征：喙黑色，喙尖黄色，呈琵琶形，自眼先至眼有黑色线，脚黑色；繁殖期喉具橘黄色裸皮，头具饰羽。

生活习性：冬候鸟，活动于多水生动物的湖泊、沼泽、河流、水库等生境中，亦见于海岸和河口地带，集群活动。

濒危状况：

世界自然保护联盟（IUCN）：无危（LC）

未评估（NE）	数据缺乏（DD）	无危（LC）	近危（NT）	易危（VU）	濒危（EN）	极危（CR）	野外灭绝（EW）	灭绝（EX）

中国生物多样性红色名录：近危（NT）

《濒危野生动植物种国际贸易公约》（CITES）：附录 II

省内主要分布：广州、深圳、珠海、汕头、汕尾、阳江、湛江。

hēi guān yán
黑冠鳽 *Gorsachius melanolophus*

亚成鸟　摄影 / zoru

纲/目/科：鸟纲，鹈形目，鹭科。

形态特征：幼鸟体色偏灰、斑纹明显；成鸟身体偏棕红色，头顶具黑色长冠羽，与周围棕色分界明显。

生活习性：留鸟，栖息于靠近沼泽或溪流的茂密丛林，多在晨昏单独活动。

濒危状况：

世界自然保护联盟（IUCN）

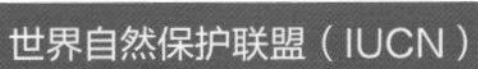

未评估（NE）	数据缺乏（DD）	无危（LC）	近危（NT）	易危（VU）	濒危（EN）	极危（CR）	野外灭绝（EW）	灭绝（EX）

中国生物多样性红色名录

《濒危野生动植物种国际贸易公约》（CITES）：未列入

省内主要分布：广州、深圳、佛山、惠州、湛江。

yán lù 岩鹭 *Egretta sacra*

纲/目/科：鸟纲，鹈形目，鹭科。

别　　名：黑鹭。

形态特征：暗色型通体石板灰色，颏至喉有一条白色细纵纹，趾黄色；白色型通体白色，眼先黄绿色。

生活习性：留鸟，生活于热带和亚热带海洋中的岛屿和沿海海岸一带，尤喜多岩礁的海岛和海岩岩石。

濒危状况：

世界自然保护联盟（IUCN）：无危（LC）

未评估（NE）	数据缺乏（DD）	无危（LC）	近危（NT）	易危（VU）	濒危（EN）	极危（CR）	野外灭绝（EW）	灭绝（EX）

中国生物多样性红色名录：无危（LC）

《濒危野生动植物种国际贸易公约》（CITES）：未列入

省内主要分布：深圳、珠海、汕头、惠州、汕尾、江门、阳江、湛江。

繁殖羽　　摄影 / 鸟林细语

è 鹗 *Pandion haliaetus*

纲/目/科：鸟纲，鹰形目，鹗科。

别　　名：鱼鹰、鱼雕。

形态特征：喙黑色，具黑色贯眼纹、白眉纹；胸部褐色羽毛形成胸带，翼下覆羽和腹部形成白色三角形。

生活习性：留鸟为主，活动于平原低地的河流、湖泊、水库、海岸、岛屿等鱼源丰富的水域。

濒危状况：

世界自然保护联盟（IUCN）

未评估（NE）	数据缺乏（DD）	无危（LC）	近危（NT）	易危（VU）	濒危（EN）	极危（CR）	野外灭绝（EW）	灭绝（EX）

中国生物多样性红色名录

《濒危野生动植物种国际贸易公约》（CITES）：附录 Ⅱ

省内主要分布：广州、深圳、珠海、汕头、惠州、汕尾、湛江。

摄影 / 寒江雪

hēi chì yuān 黑翅鸢 *Elanus caeruleus*

摄影 / 杜校松

纲/目/科：鸟纲，鹰形目，鹰科。

别　　名：灰鹞子。

形态特征：虹膜红色，肩部覆羽黑色，趾黄色；成鸟头顶、背、翼覆羽及尾基部灰色，脸、颈及下体白色。

生活习性：留鸟为主，喜干燥地区的疏林草原、田野等矮草开阔地，常停栖于田野中孤立的树或电线上。

濒危状况：

世界自然保护联盟（IUCN）：无危（LC）

未评估（NE）	数据缺乏（DD）	无危（LC）	近危（NT）	易危（VU）	濒危（EN）	极危（CR）	野外灭绝（EW）	灭绝（EX）

中国生物多样性红色名录：近危（NT）

《濒危野生动植物种国际贸易公约》（CITES）：附录 II

省内主要分布：广州、珠海、汕头、韶关、惠州、汕尾、江门、阳江、湛江、茂名、肇庆、揭阳、云浮。

fèng tóu fēng yīng 凤头蜂鹰 *Pernis ptilorhynchus*

摄影 / 徐永春

纲/目/科：鸟纲，鹰形目，鹰科。

别　　名：八角鹰、雕头鹰、蜜鹰。

形态特征：喙黑色，头侧具短而硬的鳞片状羽毛，脚黄色。有多色型，通常翼下有两条半环状翼斑。

生活习性：旅鸟，栖息于不同海拔高度的阔叶林、针叶林和混交林中，亦至山区养蜂场或平原地带觅食，嗜食蜂类。

濒危状况：

世界自然保护联盟（IUCN）

未评估（NE）	数据缺乏（DD）	无危（LC）	近危（NT）	易危（VU）	濒危（EN）	极危（CR）	野外灭绝（EW）	灭绝（EX）

中国生物多样性红色名录

《濒危野生动植物种国际贸易公约》（CITES）：附录 II

省内主要分布：韶关、惠州、阳江、湛江、茂名、清远。

hēi guān juān sǔn 黑冠鹃隼 *Aviceda leuphotes*

摄影 / 看山听水

纲/目/科：鸟纲，鹰形目，鹰科。

形态特征：黑色的长冠羽常直立头上，整体体羽黑色，胸部具白色宽纹，腹部具栗色横斑。

生活习性：夏候鸟为主，有越冬记录，栖息于开阔且干燥的阔叶林中，常停栖于突出的枯木上。

濒危状况：

世界自然保护联盟（IUCN）：无危（LC）

未评估（NE）	数据缺乏（DD）	无危（LC）	近危（NT）	易危（VU）	濒危（EN）	极危（CR）	野外灭绝（EW）	灭绝（EX）

中国生物多样性红色名录：无危（LC）

《濒危野生动植物种国际贸易公约》（CITES）：附录 II

省内主要分布：广州、深圳、韶关、河源、惠州、汕尾、江门、肇庆、清远、云浮。

shé diāo
蛇雕 *Spilornis cheela*

纲/目/科：鸟纲，鹰形目，鹰科。

别　　名：蛇鹰、大冠鹫。

形态特征：眼先至喙基黄色，羽冠黑白相间，腹部具白色小圆斑；飞翔时飞羽后缘和尾下各有一道白色宽横带。

生活习性：留鸟为主，栖息于开阔的山地丘陵地带，以中低海拔阔叶林为主，见于果园、山区道路、溪谷等环境。嗜食蛇类及其他爬行动物。

濒危状况：

世界自然保护联盟（IUCN）

未评估（NE）	数据缺乏（DD）	无危（LC）	近危（NT）	易危（VU）	濒危（EN）	极危（CR）	野外灭绝（EW）	灭绝（EX）

中国生物多样性红色名录

《濒危野生动植物种国际贸易公约》（CITES）：附录 II

省内主要分布：广州、深圳、珠海、汕头、韶关、惠州、东莞、中山、江门、阳江、茂名、肇庆、清远、云浮。

摄影 / 郑康华

yīng diāo
鹰雕 *Nisaetus nipalensis*

摄影 / 大民

纲/目/科：鸟纲，鹰形目，鹰科。

别　　名：熊鹰、赫氏角鹰。

形态特征：具黑色羽冠；上体褐色，胸部具纵纹，腹部、腰部和尾上覆羽有淡白色的横斑；尾羽具黑白交错的横带。

生活习性：留鸟，栖息于低地至高海拔的阔叶林、针阔混交林和针叶林。主捕小型哺乳类。

濒危状况：

世界自然保护联盟（IUCN）

未评估（NE）	数据缺乏（DD）	无危（LC）	近危（NT）	易危（VU）	濒危（EN）	极危（CR）	野外灭绝（EW）	灭绝（EX）

中国生物多样性红色名录

《濒危野生动植物种国际贸易公约》（CITES）：附录 II

省内主要分布：韶关、清远。

lín diāo
林雕 *Ictinaetus malaiensis*

摄影 / 鸟林细语

纲/目/科：鸟纲，鹰形目，鹰科。

别　　名：黑雕、树鹰。

形态特征：通体黑褐色，喙基黄色；尾较长，尾羽具黑色横斑；胫部被羽，脚黄色，爪长且微具钩。

生活习性：留鸟，多栖息于海拔300 ~ 1900 m林相较好的阔叶林。以小型哺乳类和鸟类为食。

濒危状况：

世界自然保护联盟（IUCN）：无危（LC）

未评估（NE）	数据缺乏（DD）	无危（LC）	近危（NT）	易危（VU）	濒危（EN）	极危（CR）	野外灭绝（EW）	灭绝（EX）

中国生物多样性红色名录：易危（VU）

《濒危野生动植物种国际贸易公约》（CITES）：附录 Ⅱ

省内主要分布：韶关、河源、梅州、惠州、肇庆、清远。

bái fù sǔn diāo 白腹隼雕 *Aquila fasciata*

纲/目/科：鸟纲，鹰形目，鹰科。

别　　名：白腹山雕。

形态特征：头粗短，喉至腹白色，具黑色纵斑；翼尖及尾羽末端黑色。

生活习性：留鸟，栖息于丘陵和山地森林的开阔地带，在悬崖石头上筑巢。

濒危状况：

世界自然保护联盟（IUCN）

未评估（NE）	数据缺乏（DD）	无危（LC）	近危（NT）	易危（VU）	濒危（EN）	极危（CR）	野外灭绝（EW）	灭绝（EX）

中国生物多样性红色名录

《濒危野生动植物种国际贸易公约》（CITES）：附录 II

省内主要分布：汕头、韶关、惠州、清远。

摄影 / 我的美丽中国

fèng tóu yīng 凤头鹰 *Accipiter trivirgatus*

纲/目/科：鸟纲，鹰形目，鹰科。

别　　名：凤头雀鹰。

形态特征：上体黑褐色，喉中央有一道黑色纵纹；尾下覆羽白色而蓬松，尾羽上有四道深色横斑。雄鸟腹部具粗横纹，雌鸟腹部横斑较细。

生活习性：留鸟，栖息于低海拔丘陵地带，可适应城市环境，能在范围较小的公园、绿地定居。

濒危状况：

世界自然保护联盟（IUCN）

未评估（NE）	数据缺乏（DD）	无危（LC）	近危（NT）	易危（VU）	濒危（EN）	极危（CR）	野外灭绝（EW）	灭绝（EX）

中国生物多样性红色名录

《濒危野生动植物种国际贸易公约》（CITES）：附录 II

省内主要分布：广州、深圳、珠海、汕头、韶关、河源、梅州、惠州、东莞、江门、阳江、茂名、肇庆、清远、云浮。

摄影 / 鸟林细语

hè ěr yīng
褐耳鹰 *Accipiter badius*

雄鸟　摄影 / 草木谷子

纲/目/科： 鸟纲，鹰形目，鹰科。

别　　名： 褐耳苍鹰。

形态特征： 喙石板蓝色，尖端黑色，喙角黄色。雄鸟虹膜红色，具微弱的喉中线，上体浅蓝灰色；雌鸟虹膜黄色，上体偏褐色。

生活习性： 留鸟，喜栖息于林缘、开阔林区和农田。

濒危状况：

未评估（NE）	数据缺乏（DD）	无危（LC）	近危（NT）	易危（VU）	濒危（EN）	极危（CR）	野外灭绝（EW）	灭绝（EX）

中国生物多样性红色名录

《濒危野生动植物种国际贸易公约》（CITES）：附录 II

省内主要分布： 河源、惠州、江门、湛江、揭阳。

chì fù yīng 赤腹鹰 *Accipiter soloensis*

雄鸟 摄影 / 朱江、与自然同行

纲/目/科：鸟纲，鹰形目，鹰科。

别 名：鸽子鹰。

形态特征：上体淡蓝灰色，下体白色，腹部浅橙褐色；翼窄长，黑色翼尖与白色翼下覆羽对比明显。雄鸟虹膜暗红色，近黑色；雌鸟虹膜黄色。

生活习性：夏候鸟为主，喜栖息于中低海拔的林地中，觅食于开阔地带。

濒危状况：

世界自然保护联盟（IUCN）：无危（LC）

未评估（NE）	数据缺乏（DD）	无危（LC）	近危（NT）	易危（VU）	濒危（EN）	极危（CR）	野外灭绝（EW）	灭绝（EX）

中国生物多样性红色名录：无危（LC）

《濒危野生动植物种国际贸易公约》（CITES）：附录 II

省内主要分布：广州、深圳、珠海、汕头、佛山、韶关、惠州、汕尾、东莞、江门、湛江、肇庆、清远、揭阳。

日本松雀鹰 *Accipiter gularis*

rì běn sōng què yīng

纲/目/科：鸟纲，鹰形目，鹰科。

形态特征：雄鸟虹膜橙红色，喉白，腹部具非常细的羽干纹，纹路模糊；雌鸟虹膜黄色，白色喉中央有一条深色细纹，下体具浓密的褐色横斑；尾灰色，具数条深色横斑。

生活习性：冬候鸟为主，栖息于低海拔森林与旷野交界的矮山疏林地带，觅食于开阔地，以小型雀类为食。

濒危状况：

世界自然保护联盟（IUCN）：无危（LC）

未评估（NE）	数据缺乏（DD）	无危（LC）	近危（NT）	易危（VU）	濒危（EN）	极危（CR）	野外灭绝（EW）	灭绝（EX）

中国生物多样性红色名录：无危（LC）

《濒危野生动植物种国际贸易公约》（CITES）：附录 II

省内主要分布：汕头、东莞、湛江、肇庆、潮州、揭阳。

摄影 / 天地合一

sōng què yīng 松雀鹰 *Accipiter virgatus*

摄影 / 海石

纲/目/科：鸟纲，鹰形目，鹰科。

别　　名：松儿、松子鹰、摆胸、雀贼、雀鹰、雀鹞。

形态特征：喙黑色，跗趾及趾黄色，细长，中趾长。雄鸟喉白色而具黑色喉中线，下体白色，两胁棕色且具褐色横斑。

生活习性：留鸟，栖息于低海拔丘陵地带。

濒危状况：

世界自然保护联盟（IUCN）：无危（LC）

中国生物多样性红色名录：无危（LC）

未评估（NE）	数据缺乏（DD）	无危（LC）	近危（NT）	易危（VU）	濒危（EN）	极危（CR）	野外灭绝（EW）	灭绝（EX）

《濒危野生动植物种国际贸易公约》（CITES）：附录 II

省内主要分布：广州、深圳、珠海、汕头、佛山、韶关、河源、梅州、惠州、东莞、中山、江门、茂名、肇庆、清远、揭阳、云浮。

què yīng 雀鹰 *Accipiter nisus*

纲/目/科：鸟纲，鹰形目，鹰科。

别　　名：朵子、细胸、鹞子。

形态特征：雄鸟脸颊棕色，上体灰色，下体白色且多具棕色横斑，尾具横带；雌鸟脸颊棕色较少，上体褐色，无喉中线，胸、腹部及腿上具灰褐色横斑。

生活习性：冬候鸟，栖息于混交林、阔叶林、针叶林等山地森林或林缘地带，有时至公园、农田附近活动。

濒危状况：

世界自然保护联盟（IUCN）：无危（LC）

未评估	数据缺乏	无危	近危	易危	濒危	极危	野外灭绝	灭绝
（NE）	（DD）	（LC）	（NT）	（VU）	（EN）	（CR）	（EW）	（EX）

中国生物多样性红色名录：无危（LC）

《濒危野生动植物种国际贸易公约》（CITES）：附录 Ⅱ

省内主要分布：广州、深圳、汕头、韶关、河源、梅州、惠州、湛江、肇庆、清远。

雄鸟　摄影 / 鸟林细语

cāng yīng 苍鹰 *Accipiter gentilis*

纲/目/科：鸟纲，鹰形目，鹰科。

别　　名：黄鹰、牙鹰、鹞鹰。

形态特征：眼后黑色，白色眉纹明显；成鸟上体灰色，胸腹部密布细横纹，中央尾羽突出；亚成鸟上体黄褐色，下体米黄色，胸腹部具黄褐色纵纹。

生活习性：冬候鸟，栖息于林地或林缘地带，有时亦在丘陵、城市公园、旷野附近活动。

濒危状况：

世界自然保护联盟（IUCN）：无危（LC）

未评估（NE）	数据缺乏（DD）	无危（LC）	近危（NT）	易危（VU）	濒危（EN）	极危（CR）	野外灭绝（EW）	灭绝（EX）

中国生物多样性红色名录：近危（NT）

《濒危野生动植物种国际贸易公约》（CITES）：附录 II

省内主要分布：广州、深圳、汕头、韶关、河源、梅州、惠州、汕尾、东莞、湛江、肇庆、清远。

摄影 / 视觉中国

bái fù yào 白腹鹞 *Circus spilonotus*

雄鸟 摄影 / 黄真

纲/目/科：鸟纲，鹰形目，鹰科。

别 名：泽鹞、东方沼泽鹞、白尾巴根子。

形态特征：色型较多，但辨识点差距不大。雄鸟头与颈后部杂有白纹，喉及胸黑并满布白色纵纹；雌鸟头顶及颈背具深褐色纵纹，尾上覆羽褐色或浅色，尾具横斑。

生活习性：冬候鸟为主，常栖息于江河、湖泊、苇塘等各类湿地环境。

濒危状况：

世界自然保护联盟（IUCN）：无危（LC）

中国生物多样性红色名录：近危（NT）

未评估（NE）	数据缺乏（DD）	无危（LC）	近危（NT）	易危（VU）	濒危（EN）	极危（CR）	野外灭绝（EW）	灭绝（EX）

《濒危野生动植物种国际贸易公约》（CITES）：附录 II

省内主要分布：广州、深圳、汕头、韶关、河源、梅州、汕尾、阳江、湛江、肇庆。

bái wěi yào 白尾鹞 *Circus cyaneus*

雄鸟 摄影 / 徐永春

纲/目/科： 鸟纲，鹰形目，鹰科。

别　　名： 白尾巴根子、白燚、鸡鹞。

形态特征： 雄鸟头灰色，具显眼的白色腹、腰部，翼尖黑色；雌鸟上体为暗褐色，下体为皮黄白色或棕黄褐色，胸腹部多纵纹。

生活习性： 冬候鸟，栖息于平原和低山丘陵地带，沼泽、江河、湖泊、草原、荒地等环境，有时至农田、耕地、沿海、湿地、草坡等环境活动。

濒危状况：

世界自然保护联盟（IUCN）：无危（LC）

未评估（NE）	数据缺乏（DD）	无危（LC）	近危（NT）	易危（VU）	濒危（EN）	极危（CR）	野外灭绝（EW）	灭绝（EX）

中国生物多样性红色名录：近危（NT）

《濒危野生动植物种国际贸易公约》（CITES）：附录 II

省内主要分布： 广州、汕头、韶关、河源、梅州、汕尾、湛江、肇庆。

què yào 鹊鹞 *Circus melanoleucos*

纲/目/科：鸟纲，鹰形目，鹰科。

别　　名：喜鹊鹞、喜鹊鹰。

形态特征：脚黄色。雄鸟头、喉及胸部黑色而无纵纹，背部可见三叉戟状斑纹；雌鸟上体褐色沾灰并具纵纹。下体皮黄色具棕色纵纹，飞羽下面具近黑色横斑。

生活习性：冬候鸟为主，常栖息于开阔的低山丘陵、山脚平原、淡水沼泽、江河、湖泊等环境，有时至农田、沿海湿地活动。

濒危状况：

世界自然保护联盟（IUCN）

未评估（NE）	数据缺乏（DD）	无危（LC）	近危（NT）	易危（VU）	濒危（EN）	极危（CR）	野外灭绝（EW）	灭绝（EX）

中国生物多样性红色名录

《濒危野生动植物种国际贸易公约》（CITES）：附录 II

省内主要分布：广州、韶关、汕尾、阳江、湛江。

雌鸟　摄影 / 郑康华

hēi yuān 黑鸢 *Milvus migrans*

摄影 / 大民

纲/目/科：鸟纲，鹰形目，鹰科。

别　　名：麻鹰、黑耳鸢。

形态特征：体羽深褐色，飞行时初级飞羽基部具明显的浅色次端斑纹，翼上斑块较白；尾长而略分叉。

生活习性：留鸟为主，栖息于开阔的平原、低山丘陵地带，白天常单独飞翔，秋季亦呈2～3只小群。

濒危状况：

世界自然保护联盟（IUCN）

未评估（NE）	数据缺乏（DD）	无危（LC）	近危（NT）	易危（VU）	濒危（EN）	极危（CR）	野外灭绝（EW）	灭绝（EX）

中国生物多样性红色名录

《濒危野生动植物种国际贸易公约》（CITES）：附录 II

省内主要分布：广州、深圳、珠海、汕头、佛山、韶关、河源、梅州、惠州、汕尾、东莞、中山、江门、湛江、肇庆、清远、揭阳。

lì yuān
栗鸢 *Haliastur indus*

摄影／一炮手（贝壳）

纲/目/科： 鸟纲，鹰形目，鹰科。

别　　名： 红老鹰。

形态特征： 头、颈、胸白色，胸具黑色纵纹，体羽栗色。

生活习性： 旅鸟为主，常栖息于江河、湖泊及沿海湿地和田野，主要以水生动物为食。

濒危状况：

世界自然保护联盟（IUCN）：无危（LC）

未评估（NE）	数据缺乏（DD）	无危（LC）	近危（NT）	易危（VU）	濒危（EN）	极危（CR）	野外灭绝（EW）	灭绝（EX）

中国生物多样性红色名录：易危（VU）

《濒危野生动植物种国际贸易公约》（CITES）：附录 II

省内主要分布： 广州、江门、阳江，偶见。

huī liǎn kuáng yīng
灰脸鵟鹰 *Butastur indicus*

纲/目/科：鸟纲，鹰形目，鹰科。

别　　名：灰面鹞。

形态特征：上体褐色，具明显的白色眉纹，喉中线明显，下体后半部具明显棕色横斑。

生活习性：旅鸟，栖息于低海拔的稀疏阔叶林、针阔混交林以及针叶林等地带，单独或成对活动于林地边缘。

濒危状况：

世界自然保护联盟（IUCN）：无危（LC）

未评估（NE）	数据缺乏（DD）	无危（LC）	近危（NT）	易危（VU）	濒危（EN）	极危（CR）	野外灭绝（EW）	灭绝（EX）

中国生物多样性红色名录：近危（NT）

《濒危野生动植物种国际贸易公约》（CITES）：附录 Ⅱ

省内主要分布：深圳、汕头、韶关、惠州、湛江、云浮。

摄影 / 徐永春

dà kuáng 大鵟 *Buteo hemilasius*

摄影 / 融入深蓝

纲/目/科：鸟纲，鹰形目，鹰科。

别　　名：豪豹、白鹭豹、花豹。

形态特征：有淡色型、暗色型和中间型等，以淡色型较为常见。翼下具明显的浅色翅窗，次级飞羽具清楚的深色条带。

生活习性：冬候鸟，栖息于山地森林和山脚平原与草原地区，冬季常至旷野、农田、荒地、村庄等地活动。

濒危状况：

世界自然保护联盟（IUCN）

未评估（NE）	数据缺乏（DD）	无危（LC）	近危（NT）	易危（VU）	濒危（EN）	极危（CR）	野外灭绝（EW）	灭绝（EX）

中国生物多样性红色名录

《濒危野生动植物种国际贸易公约》（CITES）：附录 II

省内主要分布：汕头。

pǔ tōng kuáng 普通鵟 *Buteo japonicus*

摄影 / 郑康华

纲/目/科：鸟纲，鹰形目，鹰科。

别　　名：土豹子、鸡母鹞。

形态特征：体色多变。上体深棕褐色，下体偏白具棕色斑纹；飞行时两翼宽圆，翼下有近似圆形的标志性黑色块斑。

生活习性：冬候鸟为主，栖息于山地森林和山脚平原与草原地区，冬季常在旷野、农田、村庄活动。

濒危状况：

世界自然保护联盟（IUCN）

未评估（NE）	数据缺乏（DD）	无危（LC）	近危（NT）	易危（VU）	濒危（EN）	极危（CR）	野外灭绝（EW）	灭绝（EX）

中国生物多样性红色名录

《濒危野生动植物种国际贸易公约》（CITES）：附录 Ⅱ

省内主要分布：广州、深圳、珠海、汕头、佛山、韶关、河源、梅州、惠州、汕尾、东莞、中山、江门、阳江、湛江、肇庆、清远、揭阳、云浮。

huáng zuǐ jiǎo xiāo 黄嘴角鸮 *Otus spilocephalus*

纲/目/科：鸟纲，鸮形目，鸱鸮科。

形态特征：喙黄色，上体棕褐色，脸盘黄褐色，肩部具一排三角形白色斑点。

生活习性：留鸟，栖息于中低海拔林地间的河流、溪流、鱼塘、湖泊等生境中，夜行性。

濒危状况：

世界自然保护联盟（IUCN）

未评估（NE）	数据缺乏（DD）	无危（LC）	近危（NT）	易危（VU）	濒危（EN）	极危（CR）	野外灭绝（EW）	灭绝（EX）

中国生物多样性红色名录

《濒危野生动植物种国际贸易公约》（CITES）：附录 II

省内主要分布：广州、韶关、惠州、肇庆、清远。

摄影 / 形影相随

lǐng jiǎo xiāo
领角鸮 *Otus lettia*

摄影 / 木易先森1970

纲/目/科： 鸟纲，鸮形目，鸱鸮科。

别　　名： 西领角鸮。

形态特征： 虹膜深褐色，具明显耳羽簇及特征性的浅沙色颈圈，下体皮黄色带黑色条纹。

生活习性： 留鸟，栖息于海拔1900 m以下的落叶林、常绿林、次生林，以及耕地附近的开阔灌丛、村庄等地，夜行性。

濒危状况：

世界自然保护联盟（IUCN）

未评估（NE）	数据缺乏（DD）	无危（LC）	近危（NT）	易危（VU）	濒危（EN）	极危（CR）	野外灭绝（EW）	灭绝（EX）

中国生物多样性红色名录

《濒危野生动植物种国际贸易公约》（CITES）：附录 II

省内主要分布： 广州、深圳、汕头、佛山、韶关、河源、梅州、惠州、东莞、江门、阳江、肇庆、清远、揭阳、云浮。

hóng jiǎo xiāo 红角鸮 *Otus sunia*

纲/目/科：鸟纲，鸮形目，鸱鸮科。

别　　名：普通角鸮、欧亚角鸮、猫头鹰、欧洲角鸮。

形态特征：虹膜黄色，面盘灰褐色或红褐色，下体具显著的黑褐色羽干纹。

生活习性：留鸟、旅鸟、冬候鸟，栖息于山地和平原地区的阔叶林、混交林中，有时见于林缘及居民点附近，夜行性。

濒危状况：

世界自然保护联盟（IUCN）：无危（LC）

未评估（NE）	数据缺乏（DD）	无危（LC）	近危（NT）	易危（VU）	濒危（EN）	极危（CR）	野外灭绝（EW）	灭绝（EX）

中国生物多样性红色名录：无危（LC）

《濒危野生动植物种国际贸易公约》（CITES）：附录 II

省内主要分布：广州、韶关、河源、梅州、惠州、肇庆、清远。

摄影 / 海石

diāo xiāo 雕鸮 *Bubo bubo*

摄影 / 视觉中国

纲/目/科：鸟纲，鸮形目，鸱鸮科。

别　　名：大猫头鹰、老兔、大猫王、恨狐、夜猫。

形态特征：具显著的耳羽簇，虹膜橙红色。

生活习性：留鸟，栖息于山地森林、平原、林缘灌丛、裸露高山和峭壁等生境中，夜行性。

濒危状况：

世界自然保护联盟（IUCN）：无危（LC）

未评估（NE）	数据缺乏（DD）	无危（LC）	近危（NT）	易危（VU）	濒危（EN）	极危（CR）	野外灭绝（EW）	灭绝（EX）

中国生物多样性红色名录：近危（NT）

《濒危野生动植物种国际贸易公约》（CITES）：附录 II

省内主要分布：深圳、韶关、惠州、清远、揭阳。

hè yú xiāo 褐渔鸮 *Ketupa zeylonensis*

纲/目/科：鸟纲，鸮形目，鸱鸮科。

别　　名：酱色渔鸮。

形态特征：具长角状耳羽簇，上体具粗的黑色斑纹，下体具细的褐色横斑。

生活习性：留鸟，栖息于森林或开阔林区间的溪流、河流、水塘等生境中，夜行性。

濒危状况：

世界自然保护联盟（IUCN）：无危（LC）

未评估（NE）	数据缺乏（DD）	无危（LC）	近危（NT）	易危（VU）	濒危（EN）	极危（CR）	野外灭绝（EW）	灭绝（EX）

中国生物多样性红色名录：濒危（EN）

《濒危野生动植物种国际贸易公约》（CITES）：附录 Ⅱ

省内主要分布：广州、深圳、韶关。

摄影 / 陽光

huáng tuǐ yú xiāo

黄腿渔鸮 *Ketupa flavipes*

摄影 / 陈太平

纲/目/科：鸟纲，鸮形目，鸱鸮科。

别　　名：黄脚鸮、毛脚渔鸮。

形态特征：具长角状耳羽簇，体羽多呈棕色，跗跖上半部被以绒状羽。

生活习性：留鸟，栖息于中低海拔林地间的溪流、河流、水塘、湖泊等生境中，半夜行性。

濒危状况：

世界自然保护联盟（IUCN）

未评估（NE）	数据缺乏（DD）	无危（LC）	近危（NT）	易危（VU）	濒危（EN）	极危（CR）	野外灭绝（EW）	灭绝（EX）

中国生物多样性红色名录

《濒危野生动植物种国际贸易公约》（CITES）：附录 II

省内主要分布：韶关、河源、梅州。

hè lín xiāo 褐林鸮 *Strix leptogrammica*

纲/目/科：鸟纲，鸮形目，鸱鸮科。

别　　名：棕林鸮。

形态特征：白色“V”形眉纹，背部深褐色，胸腹部浅褐色，密布黑色细横纹。

生活习性：留鸟，多栖息于山地林区，活动于沟谷和海岸森林地带，夜行性，单独活动。

濒危状况：

世界自然保护联盟（IUCN）：无危（LC）

未评估（NE）	数据缺乏（DD）	无危（LC）	近危（NT）	易危（VU）	濒危（EN）	极危（CR）	野外灭绝（EW）	灭绝（EX）

中国生物多样性红色名录：近危（NT）

《濒危野生动植物种国际贸易公约》（CITES）：附录 II

省内主要分布：梅州、肇庆。

摄影 / 酷兄

huī lín xiāo 灰林鸮 *Strix aluco*

纲/目/科：鸟纲，鸮形目，鸱鸮科。

形态特征：头圆，无耳羽簇，下体具深色交错斑纹。

生活习性：留鸟，栖息于中低海拔山地林区，夜行性，喜鸣叫。

濒危状况：

世界自然保护联盟（IUCN）：无危（LC）

未评估（NE）	数据缺乏（DD）	无危（LC）	近危（NT）	易危（VU）	濒危（EN）	极危（CR）	野外灭绝（EW）	灭绝（EX）

中国生物多样性红色名录：近危（NT）

《濒危野生动植物种国际贸易公约》（CITES）：附录 Ⅱ

省内主要分布：广州、韶关、清远。

摄影 / 0529

lǐng xiū liú
领鸺鹠 *Glaucidium brodiei*

摄影 / 77089

纲/目/科：鸟纲，鸮形目，鸱鸮科。

别　　名：小鸺鹠。

形态特征：头顶密布浅色斑点，面盘不显著，无耳羽簇，脑后有“假眼”；腹白色，具水滴状棕褐色羽毛，形成纵纹。

生活习性：留鸟，多栖息于山地森林、开阔林缘和灌丛等生境中，昼行性。

濒危状况：

世界自然保护联盟（IUCN）

未评估（NE）	数据缺乏（DD）	无危（LC）	近危（NT）	易危（VU）	濒危（EN）	极危（CR）	野外灭绝（EW）	灭绝（EX）

中国生物多样性红色名录

《濒危野生动植物种国际贸易公约》（CITES）：附录 II

省内主要分布：广州、深圳、汕头、佛山、韶关、河源、梅州、惠州、肇庆、清远。

bān tóu xiū liú 斑头鸺鹠 *Glaucidium cuculoides*

摄影 / 李良杰

纲/目/科：鸟纲，鸮形目，鸱鸮科。

别　　名：猫王鸟、小猫头鹰、横纹鸺鹠。

形态特征：头顶有白色横纹，无耳羽簇，羽毛上饰有许多条纹。

生活习性：留鸟，栖息于海拔1900 m以下的开阔地带，可适应森林、村庄等多种生境，昼行性。

濒危状况：

世界自然保护联盟（IUCN）

未评估（NE）	数据缺乏（DD）	无危（LC）	近危（NT）	易危（VU）	濒危（EN）	极危（CR）	野外灭绝（EW）	灭绝（EX）

中国生物多样性红色名录

《濒危野生动植物种国际贸易公约》（CITES）：附录 II

省内主要分布：广州、深圳、汕头、佛山、韶关、梅州、惠州、江门、肇庆、清远、揭阳。

rì běn yīng xiāo 日本鹰鸮 *Ninox japonica*

纲/目/科：鸟纲，鸮形目，鸱鸮科。

别　　名：北鹰鸮。

形态特征：外形似鹰。前额白色，喉部和前颈皮黄色具褐色条纹，肩部有白斑；下体白色，有水滴状的红褐色斑点，爪棕黄色。

生活习性：旅鸟，栖息于针阔混交林和阔叶林，尤喜在林中河谷地带活动，夜行性。

濒危状况：

世界自然保护联盟（IUCN）：无危（LC）

未评估（NE）	数据缺乏（DD）	无危（LC）	近危（NT）	易危（VU）	濒危（EN）	极危（CR）	野外灭绝（EW）	灭绝（EX）

中国生物多样性红色名录：近危（NT）

《濒危野生动植物种国际贸易公约》（CITES）：附录 II

省内主要分布：广州、深圳、汕头。

摄影 / 杨晓穗

chánɡ ěr xiāo 长耳鸮 *Asio otus*

纲/目/科：鸟纲，鸮形目，鸱鸮科。

别　　名：长耳木兔、有耳麦猫王、虎鵵、彪木兔、长耳猫头鹰、夜猫子、猫头鹰。

形态特征：有显著的耳羽簇，虹膜橙红色，面庞中央具明显白色“X”形纹。

生活习性：冬候鸟，栖息于各种林地、农田、城市，夜行性。

濒危状况：

世界自然保护联盟（IUCN）：无危（LC）

未评估（NE）	数据缺乏（DD）	无危（LC）	近危（NT）	易危（VU）	濒危（EN）	极危（CR）	野外灭绝（EW）	灭绝（EX）

中国生物多样性红色名录：无危（LC）

《濒危野生动植物种国际贸易公约》（CITES）：附录 II

省内主要分布：广州、深圳、珠海、梅州、惠州、清远。

摄影 / 看山听水

duǎn ěr xiāo 短耳鸮 *Asio flammeus*

纲/目/科：鸟纲，鸮形目，鸱鸮科。

别　　名：小耳木兔、短耳猫。

形态特征：有较短的耳羽簇，虹膜黄色，眼圈具黑色眼影。

生活习性：冬候鸟，栖息于各种生境中，尤喜在开阔的平原草地、湖边草丛环境栖息，多在夜晚或黄昏时外出捕食。

濒危状况：

世界自然保护联盟（IUCN）：无危（LC）

未评估（NE）	数据缺乏（DD）	无危（LC）	近危（NT）	易危（VU）	濒危（EN）	极危（CR）	野外灭绝（EW）	灭绝（EX）

中国生物多样性红色名录：近危（NT）

《濒危野生动植物种国际贸易公约》（CITES）：附录 II

省内主要分布：广州、深圳、汕头、韶关、河源、梅州、汕尾、东莞。

摄影 / fanyh

cǎo xiāo 草鸮 *Tyto longimembris*

纲/目/科：鸟纲，鸮形目，草鸮科。

别　　名：猴面鹰、猴子鹰、白胸草鸮、东方草鸮。

形态特征：似仓鸮，头顶颜色比仓鸮更黑，面盘灰棕色但亦有白色，呈心形；背部斑点为白色，跗跖较长。

生活习性：冬候鸟，栖息于沼泽地、芦苇丛等荒凉草地，夜行性。

濒危状况：

世界自然保护联盟（IUCN）

未评估（NE）	数据缺乏（DD）	无危（LC）	近危（NT）	易危（VU）	濒危（EN）	极危（CR）	野外灭绝（EW）	灭绝（EX）

中国生物多样性红色名录

《濒危野生动植物种国际贸易公约》（CITES）：附录 II

省内主要分布：阳江、湛江、茂名。

摄影 / 大民

hóng tóu yǎo juān
红头咬鹃 *Harpactes erythrocephalus*

雄鸟　摄影 / 大民

纲/目/科： 鸟纲，咬鹃目，咬鹃科。

形态特征： 雄鸟头、胸及腹部红色，胸前具白色横带；雌鸟头及胸棕色，胸部略具白色横带。

生活习性： 留鸟，栖息于保存较好的常绿阔叶林以及竹林，喜欢阴暗潮湿的沟谷。

濒危状况：

世界自然保护联盟（IUCN）：无危（LC）

未评估（NE）	数据缺乏（DD）	无危（LC）	近危（NT）	易危（VU）	濒危（EN）	极危（CR）	野外灭绝（EW）	灭绝（EX）

中国生物多样性红色名录：近危（NT）

《濒危野生动植物种国际贸易公约》（CITES）：未列入

省内主要分布： 广州、韶关、河源、梅州、惠州、肇庆、清远。

栗喉蜂虎 *Merops philippinus*

lì hóu fēng hǔ

摄影 / 果怡

纲/目/科：鸟纲，佛法僧目，蜂虎科。

形态特征：头顶至上背绿色沾黄色，颏黄色，喉栗色；腰和尾蓝色，中央尾羽延长。

生活习性：夏候鸟为主，栖息于林缘、海岸、田野开阔区。

濒危状况：

世界自然保护联盟（IUCN）

未评估（NE）	数据缺乏（DD）	无危（LC）	近危（NT）	易危（VU）	濒危（EN）	极危（CR）	野外灭绝（EW）	灭绝（EX）

中国生物多样性红色名录

《濒危野生动植物种国际贸易公约》（CITES）：未列入

省内主要分布：汕头、韶关、阳江、湛江。

lán hóu fēng hǔ 蓝喉蜂虎 *Merops viridis*

纲/目/科：鸟纲，佛法僧目，蜂虎科。

形态特征：头顶及上背巧克力色，喉蓝色，腰及尾羽蓝色。

生活习性：夏候鸟，栖息于疏林、河岸、农田、土坡和园林，小群活动。

濒危状况：

世界自然保护联盟（IUCN）

未评估（NE）	数据缺乏（DD）	无危（LC）	近危（NT）	易危（VU）	濒危（EN）	极危（CR）	野外灭绝（EW）	灭绝（EX）

中国生物多样性红色名录

《濒危野生动植物种国际贸易公约》（CITES）：未列入

省内主要分布：广州、韶关、梅州、汕尾、湛江、肇庆、清远。

摄影 / 杜校松

bái xiōng fěi cuì

白胸翡翠 *Halcyon smyrnensis*

摄影 / 悦摄吴心

纲/目/科： 鸟纲，佛法僧目，翠鸟科。

形态特征： 喙粗长且红色，头、颈、腹部栗色；喉至胸部白色，上背、翼及尾呈亮蓝色。

生活习性： 留鸟，栖息于海拔1200 m以下的池塘、水库、湖泊、海岸、红树林及村庄附近水域等生境中，单独活动。

濒危状况：

世界自然保护联盟（IUCN）

未评估（NE）	数据缺乏（DD）	无危（LC）	近危（NT）	易危（VU）	濒危（EN）	极危（CR）	野外灭绝（EW）	灭绝（EX）

中国生物多样性红色名录

《濒危野生动植物种国际贸易公约》（CITES）：未列入

省内主要分布： 广州、深圳、珠海、汕头、佛山、韶关、梅州、惠州、汕尾、东莞、中山、江门、阳江、湛江、肇庆、清远、揭阳、云浮。

bān tóu dà cuì niǎo 斑头大翠鸟 *Alcedo hercules*

纲/目/科：鸟纲，佛法僧目，翠鸟科。

形态特征：喙黑色，头和两翼为发黑的深蓝色，背部中央具一亮蓝色纵线；胸和腹栗色，脚红色。

生活习性：留鸟，只栖息于海拔200～1200 m的低山丘陵常绿阔叶林中的溪流或山脚林木环绕的小河，单独或成对生活。

濒危状况：

世界自然保护联盟（IUCN）：近危（NT）

未评估（NE）	数据缺乏（DD）	无危（LC）	近危（NT）	易危（VU）	濒危（EN）	极危（CR）	野外灭绝（EW）	灭绝（EX）

中国生物多样性红色名录：易危（VU）

《濒危野生动植物种国际贸易公约》（CITES）：未列入

省内主要分布：韶关。

雌鸟　摄影 / 鸟林细语

白腿小隼（bái tuǐ xiǎo sǔn） *Microhierax melanoleucos*

摄影 / 木易先森1970

纲/目/科：鸟纲，隼形目，隼科。

别　　名：小隼、熊猫鸟。

形态特征：前额有一条白色的细线，颊部、颏部、喉部和整个下体为白色，头顶、两翼及尾羽黑色。

生活习性：留鸟，栖息于海拔1900 m以下的低山丘陵环境，尤喜在阔叶林、稀疏林地的林缘活动，单个或集小群。

濒危状况：

世界自然保护联盟（IUCN）：无危（LC）

未评估（NE）	数据缺乏（DD）	无危（LC）	近危（NT）	易危（VU）	濒危（EN）	极危（CR）	野外灭绝（EW）	灭绝（EX）

中国生物多样性红色名录：易危（VU）

《濒危野生动植物种国际贸易公约》（CITES）：附录 II

省内主要分布：韶关、河源、梅州，偶见。

hóng sǔn 红隼 *Falco tinnunculus*

纲/目/科：鸟纲，隼形目，隼科。

别　　名：茶隼、红鹞子、红鹰、黄鹰。

形态特征：雄鸟眼下有黑斑，肩、背赤褐色且略有黑色横斑；雌鸟略大，眼下黑斑较长，上身全褐且多粗横斑。

生活习性：留鸟，栖息于农田、村落附近、山地森林、林缘、草原、旷野等地带。

濒危状况：

世界自然保护联盟（IUCN）

未评估（NE）	数据缺乏（DD）	无危（LC）	近危（NT）	易危（VU）	濒危（EN）	极危（CR）	野外灭绝（EW）	灭绝（EX）

中国生物多样性红色名录

《濒危野生动植物种国际贸易公约》（CITES）：附录 II

省内主要分布：广州、深圳、珠海、汕头、佛山、韶关、梅州、惠州、汕尾、东莞、江门、阳江、湛江、肇庆、清远、揭阳、云浮。

雄鸟　摄影 / 木子56

hóng jiǎo sǔn
红脚隼 *Falco amurensis*

纲/目/科：鸟纲，隼形目，隼科。

别　　名：西红脚隼、青燕子、青鹰、红腿鹞子。

形态特征：眼区近黑，颏、眼下斑块及领环偏白。雄鸟臀部及脚橙红色；雌鸟臀部及脚偏黄色。

生活习性：旅鸟，栖息于平原、低山疏林、丘陵、林缘地带、农田等环境，亦见于城市中。

濒危状况：

世界自然保护联盟（IUCN）

未评估（NE）	数据缺乏（DD）	无危（LC）	近危（NT）	易危（VU）	濒危（EN）	极危（CR）	野外灭绝（EW）	灭绝（EX）

中国生物多样性红色名录

《濒危野生动植物种国际贸易公约》（CITES）：附录 II

省内主要分布：广州、河源、梅州、惠州、湛江。

雌鸟　摄影 / 甜甜溪水

灰背隼 *Falco columbarius*

huī bèi sǔn

纲/目/科：鸟纲，隼形目，隼科。

别　　名：灰鹞子。

形态特征：眉纹及喉白色。雄鸟头顶及上体亮灰色，下体黄褐色，具褐色斑点；雌鸟上体灰褐色，下体具粗壮的棕色斑点，尾具近白色横斑。

生活习性：冬候鸟，栖息于开阔的低山丘陵、平原、荒野、农田等环境。

濒危状况：

《濒危野生动植物种国际贸易公约》（CITES）：附录 II

省内主要分布：广州、汕头、韶关、汕尾、湛江、揭阳。

雄鸟　摄影 / 徐永春

yàn sǔn 燕隼 *Falco subbuteo*

摄影 / 海石

纲/目/科：鸟纲，隼形目，隼科。

别　　名：青条子、土鹘、儿隼、蚂蚱鹰、虫鹞。

形态特征：脸部具一条明显的黑色髭纹，上体深蓝褐色，腹部具深褐色纵纹，臀棕色。雌鸟体型比雄鸟大，多褐色，腿及尾下覆羽细纹较多。

生活习性：旅鸟为主，栖息于开阔平原、稀疏林地、旷野、农田等环境，单独或成对活动。

濒危状况：

世界自然保护联盟（IUCN）

未评估（NE）	数据缺乏（DD）	无危（LC）	近危（NT）	易危（VU）	濒危（EN）	极危（CR）	野外灭绝（EW）	灭绝（EX）

中国生物多样性红色名录

《濒危野生动植物种国际贸易公约》（CITES）：附录 II

省内主要分布：广州、深圳、珠海、韶关、河源、梅州、惠州、湛江、茂名、肇庆、清远。

yóu sǔn 游隼 *Falco peregrinus*

纲/目/科：鸟纲，隼形目，隼科。

别　　名：鸭虎、花梨鹰、青燕。

形态特征：脸上具一道明显的髭纹，胸部有黑色纵纹，腹部有清晰的横斑。幼鸟胸部具纵纹。

生活习性：冬候鸟，栖息于山地、丘陵、荒漠、草原、湖泊、海岸、农田等环境。

濒危状况：

世界自然保护联盟（IUCN）：无危（LC）

未评估（NE）	数据缺乏（DD）	无危（LC）	近危（NT）	易危（VU）	濒危（EN）	极危（CR）	野外灭绝（EW）	灭绝（EX）

中国生物多样性红色名录：近危（NT）

《濒危野生动植物种国际贸易公约》（CITES）：附录 I

省内主要分布：广州、深圳、韶关、河源、梅州、惠州、汕尾、江门、阳江、湛江、肇庆、清远。

亚成鸟　摄影／郑康华

hóng lǐng lǜ yīng wǔ 红领绿鹦鹉 *Psittacula krameri*

纲/目/科：鸟纲，鹦鹉目，鹦鹉科。

别　　名：玫瑰环鹦鹉、环颈鹦鹉、月轮鹦鹉。

形态特征：喙珊瑚红色。雄鸟头绿色，枕部淡蓝色，具粉色颈环；雌鸟的枕部没有或者很少蓝色，无颈环。

生活习性：留鸟，栖息于低海拔的混交林、开阔林地、农田边缘等环境。

濒危状况：

世界自然保护联盟（IUCN）：无危（LC）

未评估（NE）	数据缺乏（DD）	无危（LC）	近危（NT）	易危（VU）	濒危（EN）	极危（CR）	野外灭绝（EW）	灭绝（EX）

中国生物多样性红色名录：无危（LC）

《濒危野生动植物种国际贸易公约》（CITES）：未列入

省内主要分布：深圳、珠海。

注：笼养逃逸野化物种。

雄鸟

摄影 / 形影相随

xiān bā sè dōng
仙八色鸫 *Pitta nympha*

摄影 / 杜校松

纲/目/科：鸟纲，雀形目，八色鸫科。

形态特征：体色艳丽八色，具白色眉纹和粗壮黑色贯眼纹；下体污白色，腹部及臀部鲜红色。

生活习性：旅鸟，栖息于潮湿的低山和丘陵森林，以及溪流附近茂密的灌木丛。

濒危状况：

世界自然保护联盟（IUCN）

未评估（NE）	数据缺乏（DD）	无危（LC）	近危（NT）	易危（VU）	濒危（EN）	极危（CR）	野外灭绝（EW）	灭绝（EX）

中国生物多样性红色名录

《濒危野生动植物种国际贸易公约》（CITES）：附录 II

省内主要分布：广州、珠海、韶关、河源、梅州、肇庆、清远。

lán chì bā sè dōng
蓝翅八色鸫 *Pitta moluccensis*

摄影 / 田穗兴

纲/目/科：鸟纲，雀形目，八色鸫科。

别　　名：五色轰鸟、印度八色鸫。

形态特征：喉白，胸棕色，背绿色，两翼紫罗兰色具白色翼斑，臀红色。

生活习性：旅鸟，栖息于各种林地生境中。

濒危状况：

世界自然保护联盟（IUCN）

未评估（NE）	数据缺乏（DD）	无危（LC）	近危（NT）	易危（VU）	濒危（EN）	极危（CR）	野外灭绝（EW）	灭绝（EX）

中国生物多样性红色名录

《濒危野生动植物种国际贸易公约》（CITES）：未列入

省内主要分布：深圳。

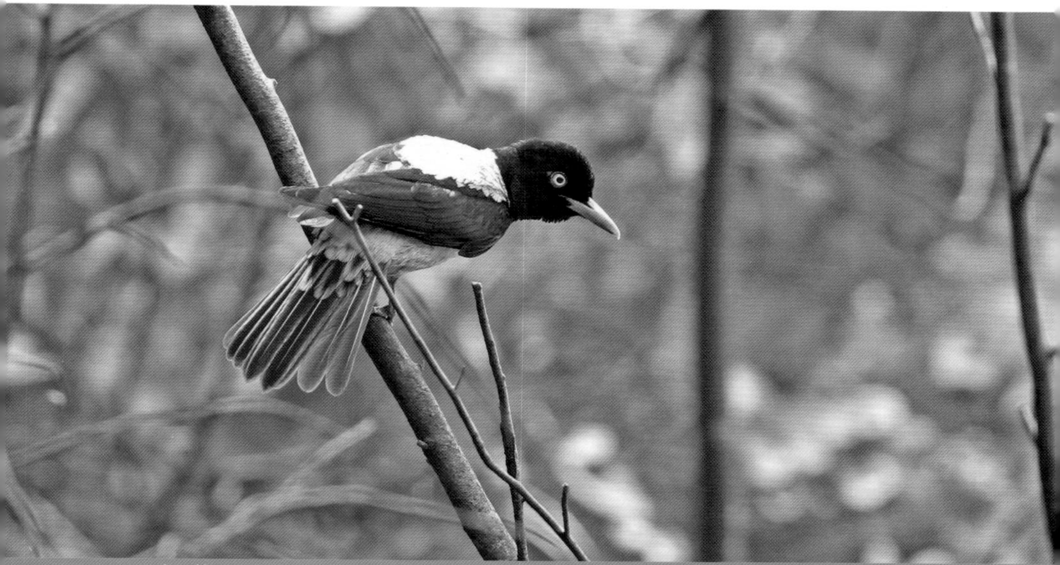

鹊鹂 Oriolus mellianus

què lí

雄鸟　摄影 / 甘礼清

纲/目/科：鸟纲，雀形目，黄鹂科。

形态特征：虹膜乳白色。雄鸟头、翅黑色，身体灰白色；雌鸟头、翅黑褐色，背羽灰褐色，下体白色具黑褐色纵纹。

生活习性：旅鸟，栖息于中低海拔的山地阔叶林，多见于疏林。

濒危状况：

世界自然保护联盟（IUCN）

未评估（NE）	数据缺乏（DD）	无危（LC）	近危（NT）	易危（VU）	濒危（EN）	极危（CR）	野外灭绝（EW）	灭绝（EX）

中国生物多样性红色名录

《濒危野生动植物种国际贸易公约》（CITES）：未列入

省内主要分布：广州、韶关、清远。

gē bǎi líng 歌百灵 *Mirafra javanica*

纲/目/科：鸟纲，雀形目，百灵科。

形态特征：体羽主要为褐色，两翼棕色，而顶冠多具黑色斑纹。

生活习性：留鸟，栖息于干燥的草地以及灌木覆盖的平原和矮山，极善鸣叫，鸣声清脆婉转。

濒危状况：

《濒危野生动植物种国际贸易公约》（CITES）：未列入

省内主要分布：湛江，现已十分罕见。

摄影 / Ayuwat Jearwattanakanok

yún què
云雀 *Alauda arvensis*

摄影 / 刘国林

纲/目/科： 鸟纲，雀形目，百灵科。

形态特征： 次级飞羽羽缘有较宽的白色带；尾较长，外侧尾羽纯白色，跗跖后缘具盾状鳞。

生活习性： 冬候鸟，栖息于开阔的平原、草地、沼泽、耕地和海岸等环境，亦见于林木稀疏的山地和林缘地带。

濒危状况：

世界自然保护联盟（IUCN）

未评估（NE）	数据缺乏（DD）	无危（LC）	近危（NT）	易危（VU）	濒危（EN）	极危（CR）	野外灭绝（EW）	灭绝（EX）

中国生物多样性红色名录

《濒危野生动植物种国际贸易公约》（CITES）：附录 Ⅲ

省内主要分布： 广州、深圳、韶关、阳江。

jīn xiōng què méi 金胸雀鹛 *Lioparus chrysotis*

纲/目/科：鸟纲，雀形目，莺鹛科。

形态特征：头顶中央有一道白色中央冠纹，颊和耳羽亦为白色；颏、喉黑色，胸和其余下体金黄色。

生活习性：留鸟，栖息于中高海拔的阔叶林、针阔混交林和针叶林，亦见于林缘和林下灌丛。

濒危状况：

世界自然保护联盟（IUCN）

未评估（NE）	数据缺乏（DD）	无危（LC）	近危（NT）	易危（VU）	濒危（EN）	极危（CR）	野外灭绝（EW）	灭绝（EX）

中国生物多样性红色名录

《濒危野生动植物种国际贸易公约》（CITES）：未列入

省内主要分布：韶关、清远。

摄影 / 王英永

duǎn wěi yā què
短尾鸦雀 *Neosuthora davidiana*

纲/目/科：鸟纲，雀形目，莺鹛科。

形态特征：头至颈棕红色，喉黑色；背灰色或灰褐色，尾明显较其他鸦雀短。

生活习性：留鸟，栖息于海拔110 ~ 1250 m的竹林、草地以及常绿阔叶林林缘。

濒危状况：

世界自然保护联盟（IUCN）

未评估（NE）	数据缺乏（DD）	无危（LC）	近危（NT）	易危（VU）	濒危（EN）	极危（CR）	野外灭绝（EW）	灭绝（EX）

中国生物多样性红色名录

《濒危野生动植物种国际贸易公约》（CITES）：未列入

省内主要分布：韶关、肇庆、清远。

摄影 / 889974

hóng xié xiù yǎn niǎo 红胁绣眼鸟 *Zosterops erythropleurus*

纲/目/科：鸟纲，雀形目，绣眼鸟科。

形态特征：眼周具明显的白圈，两胁呈显著的栗红色。

生活习性：旅鸟为主，栖息于海拔1900 m以下的落叶阔叶林或常绿阔叶林、次生林，迁徙时经过沿海地区海岛，成对或集小群活动。

濒危状况：

世界自然保护联盟（IUCN）：无危（LC）

未评估（NE）	数据缺乏（DD）	无危（LC）	近危（NT）	易危（VU）	濒危（EN）	极危（CR）	野外灭绝（EW）	灭绝（EX）

中国生物多样性红色名录：无危（LC）

《濒危野生动植物种国际贸易公约》（CITES）：未列入

省内主要分布：广州、深圳。

摄影 / 风也萧萧

huà méi
画眉 *Garrulax canorus*

摄影 / 新疆雄鹰

广州市市鸟

纲/目/科：鸟纲，雀形目，噪鹛科。

形态特征：眼圈白色，延伸至眼后形成白色眉线；腹部灰色。

生活习性：留鸟，栖息于海拔1800 m以下的灌丛、开阔林地、竹林、芦苇地、较高的草地和花园。

濒危状况：

世界自然保护联盟（IUCN）

未评估（NE）	数据缺乏（DD）	无危（LC）	近危（NT）	易危（VU）	濒危（EN）	极危（CR）	野外灭绝（EW）	灭绝（EX）

中国生物多样性红色名录

《濒危野生动植物种国际贸易公约》（CITES）：附录 II

省内主要分布：广州、深圳、珠海、汕头、佛山、韶关、河源、梅州、惠州、汕尾、江门、阳江、茂名、肇庆、清远、揭阳、云浮。

hè xiōng zào méi 褐胸噪鹛 *Garrulax maesi*

摄影 / 酷兄

纲/目/科：鸟纲，雀形目，噪鹛科。

形态特征：眼先黑褐色，耳羽灰白色，喉及上胸深褐色。

生活习性：留鸟，栖息于中低海拔常绿阔叶林、次生林和林缘灌丛，群鸣。

濒危状况：

世界自然保护联盟（IUCN）

未评估（NE）	数据缺乏（DD）	无危（LC）	近危（NT）	易危（VU）	濒危（EN）	极危（CR）	野外灭绝（EW）	灭绝（EX）

中国生物多样性红色名录

《濒危野生动植物种国际贸易公约》（CITES）：未列入

省内主要分布：韶关、阳江、清远、云浮。

hēi hóu zào méi
黑喉噪鹛 *Garrulax chinensis*

摄影 / 清风入怀

纲/目/科：鸟纲，雀形目，噪鹛科。

形态特征：额、眼周至喉黑色，额基有白斑，耳羽白色。

生活习性：留鸟，栖息于海拔1525 m以下的常绿阔叶林、常绿落叶阔叶混交林、次生林、灌丛和草地，成对或结小群活动。

濒危状况：

世界自然保护联盟（IUCN）：无危（LC）

未评估（NE）	数据缺乏（DD）	无危（LC）	近危（NT）	易危（VU）	濒危（EN）	极危（CR）	野外灭绝（EW）	灭绝（EX）

中国生物多样性红色名录：无危（LC）

《濒危野生动植物种国际贸易公约》（CITES）：未列入

省内主要分布：广州、深圳、珠海、韶关、江门、阳江、茂名、肇庆、云浮。

zōng zào méi
棕噪鹛 *Garrulax berthemyi*

摄影 / 木易先森1970

纲/目/科：鸟纲，雀形目，噪鹛科。

形态特征：眼周裸皮蓝色，上体棕黄色，下胸至腹部浅灰色；翼羽、尾羽红棕色，尾下覆羽白色。

生活习性：留鸟，结小群栖息于海拔600 ~ 1800 m的常绿阔叶林、灌丛和竹林，单独或结小群活动。

濒危状况：

世界自然保护联盟（IUCN）：无危（LC）

未评估（NE）	数据缺乏（DD）	无危（LC）	近危（NT）	易危（VU）	濒危（EN）	极危（CR）	野外灭绝（EW）	灭绝（EX）

中国生物多样性红色名录：无危（LC）

《濒危野生动植物种国际贸易公约》（CITES）：未列入

省内主要分布：韶关。

hóng wěi zào méi 红尾噪鹛 *Trochalopteron milnei*

纲/目/科：鸟纲，雀形目，噪鹛科。

别　　名：赤尾噪鹛。

形态特征：头顶至后颈棕黄色，脸颊银白色，翼羽和尾羽鲜红色。

生活习性：留鸟，栖息于海拔610 ~ 1900 m的常绿阔叶林、竹林、林缘灌丛和草地等环境，成对或结小群活动。

濒危状况：

世界自然保护联盟（IUCN）：无危（LC）

未评估（NE）	数据缺乏（DD）	无危（LC）	近危（NT）	易危（VU）	濒危（EN）	极危（CR）	野外灭绝（EW）	灭绝（EX）

中国生物多样性红色名录：无危（LC）

《濒危野生动植物种国际贸易公约》（CITES）：未列入

省内主要分布：韶关、肇庆、清远、云浮。

摄影 / zoru

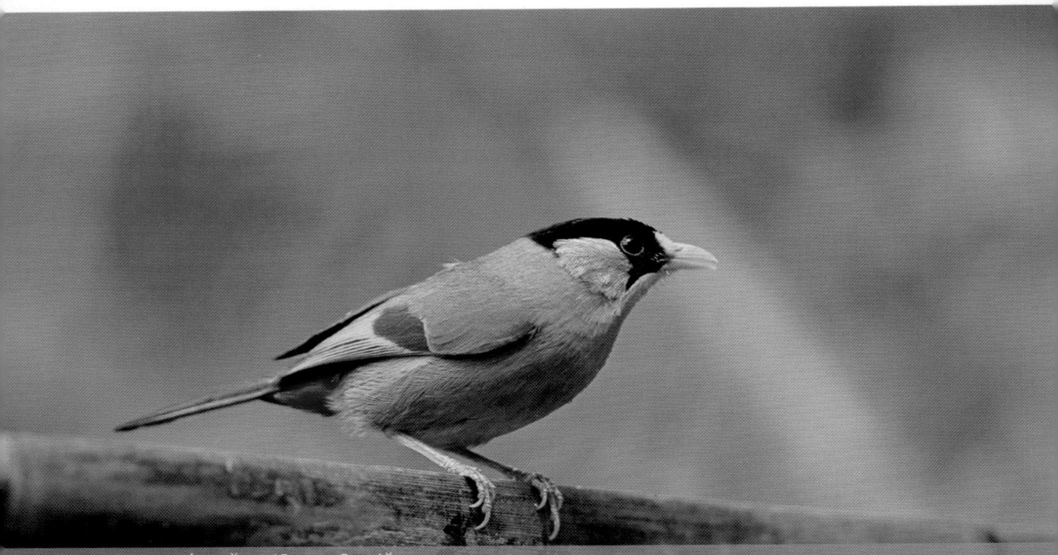

yín ěr xiāng sī niǎo
银耳相思鸟 *Leiothrix argentauris*

摄影 / 新疆雄鹰

纲/目/科： 鸟纲，雀形目，噪鹛科。

形态特征： 头冠黑色，脸颊白色；雄鸟尾下覆羽红色，雌鸟尾下覆羽黄色。

生活习性： 留鸟，结群栖息于开阔的常绿阔叶林、针阔混交林、林下灌丛、林缘、茶园、竹林等环境。

濒危状况：

世界自然保护联盟（IUCN）

未评估（NE）	数据缺乏（DD）	无危（LC）	近危（NT）	易危（VU）	濒危（EN）	极危（CR）	野外灭绝（EW）	灭绝（EX）

中国生物多样性红色名录

《濒危野生动植物种国际贸易公约》（CITES）：附录 Ⅱ

省内主要分布： 惠东。

注： 笼养逃逸野化物种。

hóng zuǐ xiāng sī niǎo
红嘴相思鸟 *Leiothrix lutea*

摄影 / 海石

纲/目/科：鸟纲，雀形目，噪鹛科。

形态特征：喙鲜红色，喉部黄色延伸至前胸，过渡为橙黄色；具红色、黄色翼斑，尾羽端部内凹分叉。

生活习性：留鸟，栖息于海拔900～1900 m的常绿阔叶林、混交林、林缘、灌丛和竹林。

濒危状况：

世界自然保护联盟（IUCN）：无危（LC）

未评估（NE）	数据缺乏（DD）	无危（LC）	近危（NT）	易危（VU）	濒危（EN）	极危（CR）	野外灭绝（EW）	灭绝（EX）

中国生物多样性红色名录：无危（LC）

《濒危野生动植物种国际贸易公约》（CITES）：附录 II

省内主要分布：广州、深圳、珠海、韶关、梅州、惠州、阳江、茂名、肇庆、清远、云浮。

hóng hóu gē qú 红喉歌鸲 *Calliope calliope*

纲/目/科：鸟纲，雀形目，鹟科。

别　　名：红点颏。

形态特征：眉纹白色。雄鸟颏部、喉部红色；雌鸟颏部、喉部白色，部分个体中可见少许红色。

生活习性：冬候鸟、旅鸟，栖息于低山丘陵和山脚平原地带的次生林和混交林，有时亦至竹林、芦苇丛活动。

濒危状况：

世界自然保护联盟（IUCN）：无危（LC）

未评估（NE）	数据缺乏（DD）	无危（LC）	近危（NT）	易危（VU）	濒危（EN）	极危（CR）	野外灭绝（EW）	灭绝（EX）

中国生物多样性红色名录：无危（LC）

《濒危野生动植物种国际贸易公约》（CITES）：未列入

省内主要分布：广州、深圳、珠海、汕头、河源、梅州、惠州、江门、阳江、肇庆、清远、云浮。

雄鸟　摄影 / 大海里一滴水

lán hóu gē qú
蓝喉歌鸲 *Luscinia svecica*

雄鸟　摄影 / 黄真

纲/目/科：鸟纲，雀形目，鹟科。

别　　名：蓝点颏。

形态特征：头部、上体主要为土褐色，具明显的白色眉纹。雄鸟颏部、喉部蓝色，中央有栗色斑块；雌鸟颏部、喉部棕白色，无栗色斑块。

生活习性：冬候鸟、旅鸟，迁徙时可见于城市公园、村落、沿海防护林等地的灌丛、竹林。

濒危状况：

世界自然保护联盟（IUCN）

未评估（NE）	数据缺乏（DD）	无危（LC）	近危（NT）	易危（VU）	濒危（EN）	极危（CR）	野外灭绝（EW）	灭绝（EX）

中国生物多样性红色名录

《濒危野生动植物种国际贸易公约》（CITES）：附录 Ⅲ

省内主要分布：广州、阳江、肇庆。

bái hóu lín wēng 白喉林鹟 *Cyornis brunneatus*

纲/目/科：鸟纲，雀形目，鹟科。

形态特征：通体偏棕色，上喙近黑色，下喙黄色，喉白色。

生活习性：夏候鸟为主，栖息于海拔1000 m以下的低山常绿阔叶林、竹林，有时亦至次生林或林缘灌丛活动。

濒危状况：

世界自然保护联盟（IUCN）

未评估（NE）	数据缺乏（DD）	无危（LC）	近危（NT）	易危（VU）	濒危（EN）	极危（CR）	野外灭绝（EW）	灭绝（EX）

中国生物多样性红色名录

《濒危野生动植物种国际贸易公约》（CITES）：未列入

省内主要分布：广州、韶关、河源、梅州、惠州、阳江、肇庆、清远。

摄影 / 瞿俊雄

zōng fù dà xiān wēng 棕腹大仙鹟 *Niltava davidi*

纲/目/科：鸟纲，雀形目，鹟科。

形态特征：雄鸟头顶亮蓝色，肩部亮蓝色斑块不明显，下腹棕色，较胸部色浅；雌鸟灰褐色，喉上具白色斑，颈侧具蓝色斑，尾下覆羽近白色。

生活习性：冬候鸟，栖息于中低海拔的山地常绿阔叶林、落叶阔叶林和混交林，有时亦至次生林或林缘地带活动。

濒危状况：

世界自然保护联盟（IUCN）：无危（LC）

未评估（NE）	数据缺乏（DD）	无危（LC）	近危（NT）	易危（VU）	濒危（EN）	极危（CR）	野外灭绝（EW）	灭绝（EX）

中国生物多样性红色名录：无危（LC）

《濒危野生动植物种国际贸易公约》（CITES）：未列入

省内主要分布：广州、韶关、茂名、肇庆。

雄鸟　摄影 / 甄军

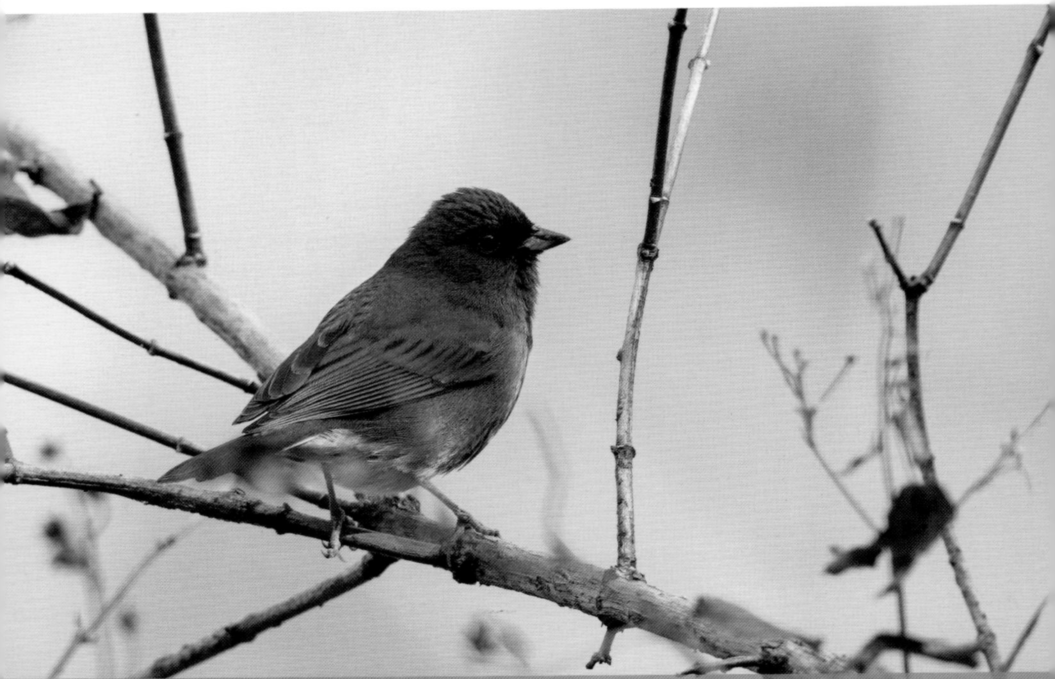

lán wú
蓝鹀 *Emberiza siemsseni*

雄鸟　摄影 / 廖之锴

纲/目/科：鸟纲，雀形目，鹀科。

形态特征：雄鸟体羽深蓝灰色，下体白色；雌鸟体羽纯棕褐色。

生活习性：冬候鸟，栖息于中低海拔的针阔混交林、阔叶林底层。

濒危状况：

世界自然保护联盟（IUCN）

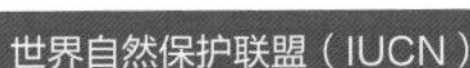

未评估（NE）	数据缺乏（DD）	无危（LC）	近危（NT）	易危（VU）	濒危（EN）	极危（CR）	野外灭绝（EW）	灭绝（EX）

中国生物多样性红色名录

《濒危野生动植物种国际贸易公约》（CITES）：未列入

省内主要分布：韶关。

hēi yóu dà bì hǔ 黑疣大壁虎 *Gekko reevesii*

纲/目/科：爬行纲，有鳞目，壁虎科。

形态特征：全身散布灰白色、砖红色、紫灰色、橘黄色斑点，尾有白色环纹。

生活习性：主要栖息于岩石较多的山地、阔叶林的老树、旧房舍中，白天通常躲藏在岩石裂缝、房屋缝隙中，夜间活动。主食昆虫。

濒危状况：

《濒危野生动植物种国际贸易公约》（CITES）：未列入

省内主要分布：广州、惠州、东莞、湛江、肇庆。

摄影／张亮

yīng dé jiǎn hǔ
英德睑虎 *Goniurosaurus yingdeensis*

摄影 / 张亮

纲/目/科：爬行纲，有鳞目，睑虎科。

形态特征：体背被粒鳞，并均匀散布圆形或锥形的大疣鳞，具一枚三角形的爪下鳞；头背、体背及四肢有棕色斑点，尾棕色具白色环斑。

生活习性：仅栖息于清远市喀斯特地貌地区的石灰岩洞穴。

濒危状况：

世界自然保护联盟（IUCN）：极危（CR）

未评估	数据缺乏	无危	近危	易危	濒危	极危	野外灭绝	灭绝
（NE）	（DD）	（LC）	（NT）	（VU）	（EN）	（CR）	（EW）	（EX）

中国生物多样性红色名录：极危（CR）

《濒危野生动植物种国际贸易公约》（CITES）：附录 II

省内主要分布：中国特有种。清远（英德为模式产地）。

pú shì jiǎn hǔ 蒲氏睑虎 *Goniurosaurus zhelongi*

纲/目/科：爬行纲，有鳞目，睑虎科。

别　　名：蛰龙睑虎。

形态特征：身体和四肢纤细，成体的四肢呈棕黑色，被颗粒鳞片。

生活习性：仅栖息于英德市石门台国家级自然保护区内的亚热带常绿阔叶林下的石灰岩山地峡谷中。

濒危状况：

世界自然保护联盟（IUCN）

未评估（NE）	数据缺乏（DD）	无危（LC）	近危（NT）	易危（VU）	濒危（EN）	极危（CR）	野外灭绝（EW）	灭绝（EX）

中国生物多样性红色名录

《濒危野生动植物种国际贸易公约》（CITES）：附录 II

省内主要分布：中国特有种。清远（英德为模式产地）。

摄影 / 张亮

蜡皮蜥 *Leiolepis reevesii*

là pí xī

纲/目/科：爬行纲，有鳞目，鬣蜥科。

别　　名：山马、沙龙、坡龙。

形态特征：体扁，被颗粒鳞，无鬣鳞；体背有橘红色圆斑；大腿内侧有股窝；尾粗壮，末端如鞭。

生活习性：栖息于沿海沙岸地带，在略有坡度的地方挖掘洞穴，用于居住。

濒危状况：

世界自然保护联盟（IUCN）

未评估（NE）	数据缺乏（DD）	无危（LC）	近危（NT）	易危（VU）	濒危（EN）	极危（CR）	野外灭绝（EW）	灭绝（EX）

中国生物多样性红色名录

《濒危野生动植物种国际贸易公约》（CITES）：未列入

省内主要分布：珠海、汕头、惠州、湛江、茂名。

摄影 / 黄文剑

chánɡ liè xī
长鬣蜥 *Physignathus cocincinus*

摄影 / 莫嘉琪

纲/目/科：爬行纲，有鳞目，鬣蜥科。

别　　名：水龙。

形态特征：头呈四棱锥形，鬣鳞侧扁而狭长；指（趾）外侧鳞片突出形成栉状缘，末端具爪；尾部棱鳞形成两纵棱，与尾腹面两行棱鳞相对称。

生活习性：栖息于有林木、岩石的河流及水沟边的竹枝、林间或沙地等环境，善爬树、游泳。

濒危状况：

世界自然保护联盟（IUCN）：易危（VU）

未评估（NE）	数据缺乏（DD）	无危（LC）	近危（NT）	易危（VU）	濒危（EN）	极危（CR）	野外灭绝（EW）	灭绝（EX）

中国生物多样性红色名录：濒危（EN）

《濒危野生动植物种国际贸易公约》（CITES）：附录 II

省内主要分布：广州、郁南。

cuì shé xī
脆蛇蜥 *Ophisaurus harti*

摄影 / 王聿凡

纲/目/科：爬行纲，有鳞目，蛇蜥科。

别　　名：金蛇、银蛇、碎蛇、蛇蜥、金星地鳝、山黄鳝。

形态特征：头顶被对称大鳞，喉、颈和腹部为光滑的圆形鳞片，呈覆瓦状排列。雄体背中线两侧有不对称的翡翠色横纹及玛瑙色、黑色斑点。

生活习性：营地下洞穴生活，栖息于海拔300 ~ 800 m的山林、草丛、菜园、茶园的土中或大石下。捕食蚯蚓、蜗牛、小蠕虫和各种小昆虫。

濒危状况：

世界自然保护联盟（IUCN）：无危（LC）

未评估（NE）	数据缺乏（DD）	无危（LC）	近危（NT）	易危（VU）	濒危（EN）	极危（CR）	野外灭绝（EW）	灭绝（EX）

中国生物多样性红色名录：濒危（EN）

《濒危野生动植物种国际贸易公约》（CITES）：未列入

省内主要分布：韶关、茂名。

mǎng shé 蟒蛇 *Python bivittatus*

纲/目/科：爬行纲，有鳞目，蟒科。

别　　名：缅甸蟒、南蛇、琴蛇、黑尾蟒。

形态特征：吻端扁平，头颈部背面有一暗棕色矛形斑；体背及两侧均有大块镶黑边云豹状斑纹，体腹黄白色；泄殖腔侧有退化的爪状残肢。

生活习性：无毒。栖息于热带、亚热带低山丛林中，需要常绿阔叶林或常绿阔叶藤本灌木丛，以及良好的洞穴供休息及隐蔽。

濒危状况：

世界自然保护联盟（IUCN）：易危（VU）

未评估（NE）	数据缺乏（DD）	无危（LC）	近危（NT）	易危（VU）	濒危（EN）	极危（CR）	野外灭绝（EW）	灭绝（EX）

中国生物多样性红色名录：极危（CR）

《濒危野生动植物种国际贸易公约》（CITES）：附录 II

省内主要分布：广州、深圳、韶关、河源、惠州、肇庆、清远。

摄影 / 张亮

jǐng gāng shān jǐ shé 井冈山脊蛇 *Achalinus jinggangensis*

纲/目/科：爬行纲，有鳞目，闪皮蛇科。

形态特征：通体青黑色，仅腹鳞后缘色淡，全身闪珐琅金属光泽。

生活习性：无毒。栖息于亚热带常绿阔叶林区，模式标本采集自山路边以及瓦砾下。

濒危状况：

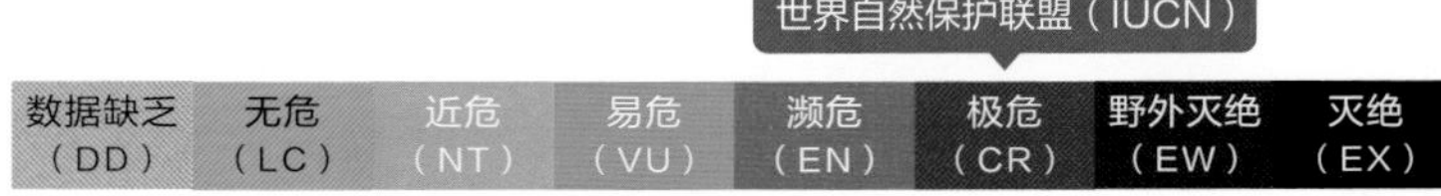

《濒危野生动植物种国际贸易公约》（CITES）：未列入

省内主要分布：韶关。

摄影 / 张亮

sān suǒ shé 三索蛇 *Coelognathus radiatus*

纲/目/科：爬行纲，有鳞目，游蛇科。

别　　名：三索锦蛇、三索线、广蛇（泥广）、三索线蛇。

形态特征：眼后有一条明显的黑纹，体背的前、中段有黑色梯形或蝶状斑纹，由体背中段往后斑纹渐趋隐失，但有4条清晰的黑色纵带直达尾端。

生活习性：无毒。栖息于海拔700 m以下的山地、平原、丘陵地带。主要捕食鼠类，亦捕食蜥蜴、蛙类及鸟类。

濒危状况：

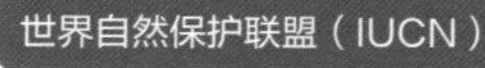

未评估（NE）	数据缺乏（DD）	无危（LC）	近危（NT）	易危（VU）	濒危（EN）	极危（CR）	野外灭绝（EW）	灭绝（EX）

中国生物多样性红色名录

《濒危野生动植物种国际贸易公约》（CITES）：未列入

省内主要分布：广州、韶关、河源、梅州、惠州、湛江、肇庆。

摄影 / 张亮

jiān huì shé
尖喙蛇 *Rhynchophis boulengeri*

纲/目/科：爬行纲，有鳞目，游蛇科。

别　　名：犀角鼠蛇、尖喙雅蛇。

形态特征：头部菱形，吻端尖，成锥形，锥上覆有许多小鳞；两眼有一条黑色条纹，上唇黄白色，背面绿色，腹鳞游离缘灰白色，有侧棱。

生活习性：无毒。栖息于热带和亚热带雨林环境、湿度70%左右、海拔200 m以上的山地中，树栖型。

濒危状况：

世界自然保护联盟（IUCN）：无危（LC）

未评估（NE）	数据缺乏（DD）	无危（LC）	近危（NT）	易危（VU）	濒危（EN）	极危（CR）	野外灭绝（EW）	灭绝（EX）

中国生物多样性红色名录：易危（VU）

《濒危野生动植物种国际贸易公约》（CITES）：未列入

省内主要分布：云浮。

摄影 / 侯勉

yǎn jìng wáng shé 眼镜王蛇 *Ophiophagus hannah*

纲/目/科：爬行纲，有鳞目，眼镜蛇科。

别　　名：山万蛇、过山峰、大扁颈蛇、大眼镜蛇、大扁头风、扁颈蛇、大膨颈、吹风蛇、过山标。

形态特征：颈背具一"Λ"形的黄白色斑纹，躯干和尾部背面有窄的白色镶黑边横纹。

生活习性：剧毒。栖息于沿海低地至海拔1800 m的山区，多见于森林边缘近水处。以别的蛇类为食。

濒危状况：

世界自然保护联盟（IUCN）：易危（VU）

未评估（NE）	数据缺乏（DD）	无危（LC）	近危（NT）	易危（VU）	濒危（EN）	极危（CR）	野外灭绝（EW）	灭绝（EX）

中国生物多样性红色名录：濒危（EN）

《濒危野生动植物种国际贸易公约》（CITES）：附录 Ⅱ

省内主要分布：广东省内广泛分布。

摄影 / 张亮

tài guó yuán bān kuí 泰国圆斑蝰 *Daboia siamensis*

纲/目/科：爬行纲，有鳞目，蝰科。

别　　名：百步金钱豹、金钱斑。

形态特征：头呈三角形，全身布满圆形咖啡色斑块，有时会连起来如锁链状，腹面有黑色半月形花纹；受到惊扰会持续喷气，发出“呼呼”声。

生活习性：剧毒。栖息于开阔的田野草丛、林缘、灌丛，极少见于茂密的林木区。以鼠、鸟、蛇、蜥蜴及其他蛙类为食。

濒危状况：

世界自然保护联盟（IUCN）

未评估（NE）	数据缺乏（DD）	无危（LC）	近危（NT）	易危（VU）	濒危（EN）	极危（CR）	野外灭绝（EW）	灭绝（EX）

中国生物多样性红色名录

《濒危野生动植物种国际贸易公约》（CITES）：未列入

省内主要分布：广州、佛山、韶关、江门、肇庆。

摄影 / 张亮

jiǎo yuán máo tóu fù
角原矛头蝮 *Protobothrops cornutus*

摄影 / 张亮

纲/目/科：爬行纲，有鳞目，蝰科。

别　　名：角烙铁头。

形态特征：上眼睑向上形成一对向外斜、被细鳞的角状物，基部呈三角形；头顶前、鼻鳞至两角基前侧形成黑褐色“X”形斑。

生活习性：剧毒。栖息于靠溪流的常绿阔叶林、耕地、灌丛。以各种小型爬行类和哺乳类为食。

濒危状况：

世界自然保护联盟（IUCN）

未评估（NE）	数据缺乏（DD）	无危（LC）	近危（NT）	易危（VU）	濒危（EN）	极危（CR）	野外灭绝（EW）	灭绝（EX）

中国生物多样性红色名录

《濒危野生动植物种国际贸易公约》（CITES）：未列入

省内主要分布：韶关、清远。

bǎn nà yú yuán 版纳鱼螈 *Ichthyophis bannanicus*

摄影 / 王英永

纲/目/科：两栖纲，蚓螈目，鱼螈科。

别　　名：芋苗蛇、两头蛇。

形态特征：头小而扁平，体呈蠕虫状，状似蚯蚓；无四肢，背腹部略扁平，尾短，略呈圆锥状。

生活习性：栖息于海拔100～900 m植物茂密且潮湿的热带、亚热带地区，常在溪流、小河及其附近的水坑、池塘、沼泽和田边石缝、土洞内或树根下活动。夜间外出觅食。

濒危状况：

世界自然保护联盟（IUCN）

未评估（NE）	数据缺乏（DD）	无危（LC）	近危（NT）	易危（VU）	濒危（EN）	极危（CR）	野外灭绝（EW）	灭绝（EX）

中国生物多样性红色名录

《濒危野生动植物种国际贸易公约》（CITES）：未列入

省内主要分布：佛山、惠州、江门、阳江、茂名、肇庆、云浮。

nán ào dǎo jiǎo chán 南澳岛角蟾 *Xenophrys insularis*

纲/目/科：两栖纲，无尾目，角蟾科。

别　　名：汕头异角蟾。

形态特征：体侧散布多个大的痣粒；颞褶窄，在肩部上方形成一膨大肩腺；眼间有一不完整的三角形斑，四肢背部有深褐色横纹。

生活习性：仅栖息于汕头南澳岛森林地面、落叶层和溪流附近的灌木丛落叶层中。

濒危状况：

世界自然保护联盟（IUCN）

未评估（NE）	数据缺乏（DD）	无危（LC）	近危（NT）	易危（VU）	濒危（EN）	极危（CR）	野外灭绝（EW）	灭绝（EX）

中国生物多样性红色名录

《濒危野生动植物种国际贸易公约》（CITES）：未列入

省内主要分布：汕头。

摄影 / 王健

lè dōng chán chú 乐东蟾蜍 *Qiongbufo ledongensis*

纲/目/科：两栖纲，无尾目，蟾蜍科。

形态特征：头顶平、光滑无疣；眼与耳后腺之间有鼓上棱，耳后腺略呈三角形，鼓膜长椭圆形；趾侧缘膜窄，趾基部有蹼。

生活习性：栖息于海拔350 ~ 900 m的常绿阔叶林，幼蟾白天在林间小路上爬行。

濒危状况：

世界自然保护联盟（IUCN）

未评估（NE）	数据缺乏（DD）	无危（LC）	近危（NT）	易危（VU）	濒危（EN）	极危（CR）	野外灭绝（EW）	灭绝（EX）

中国生物多样性红色名录

《濒危野生动植物种国际贸易公约》（CITES）：未列入

省内主要分布：韶关。

摄影 / 张亮

luó mò liú shù wā 罗默刘树蛙 *Liuixalus romeri*

摄影 / 杨剑焕

纲/目/科：两栖纲，无尾目，树蛙科。

别　　名：卢文氏树蛙、罗默氏小树蛙。

形态特征：两眼间有深色横纹或倒三角形斑，肩上方有一个“X”形深色斑，此斑之后还有一个“∧”形深色斑纹。

生活习性：栖息于近海边的浸水坑边及其附近的灌木丛或草地上，常在夜间活动。成蛙捕食蚂蚁、蟋蟀、蜘蛛等。

濒危状况：

世界自然保护联盟（IUCN）

未评估（NE）	数据缺乏（DD）	无危（LC）	近危（NT）	易危（VU）	濒危（EN）	极危（CR）	野外灭绝（EW）	灭绝（EX）

中国生物多样性红色名录

《濒危野生动植物种国际贸易公约》（CITES）：未列入

省内主要分布：珠海。

lán qiào dà bù jiǎ
蓝鞘大步甲 *Carabus cyaneogigas*

纲/目/科：昆虫纲，鞘翅目，步甲科。

形态特征：身体深紫色带金属光泽；触角第四节略长于第二节，下唇须倒数第二节具3～4根刚毛；前胸背板密布不规则沟纹；鞘翅覆满平行的行距。

生活习性：栖息于低海拔地区，猎捕蚯蚓、马陆和蜗牛等为食。

濒危状况：

世界自然保护联盟（IUCN）

未评估（NE）	数据缺乏（DD）	无危（LC）	近危（NT）	易危（VU）	濒危（EN）	极危（CR）	野外灭绝（EW）	灭绝（EX）

中国生物多样性红色名录

《濒危野生动植物种国际贸易公约》（CITES）：未列入

省内主要分布：海丰。

摄影 / 田明义

yáng cǎi bì jīn guī
阳彩臂金龟 *Cheirotonus jansoni*

摄影 / 汤亮

纲/目/科：昆虫纲，鞘翅目，臂金龟科。

形态特征：体呈长椭圆形，背面强度弧拱；前胸背板绿色有金属光泽，鞘翅基部和侧缘具棕黄色斑。雌雄二型，雄虫明显较雌虫粗壮，且前足极度延长。

生活习性：生活于常绿阔叶林中，成虫产卵于腐朽木屑土中。具有趋光性。

濒危状况：

世界自然保护联盟（IUCN）

未评估（NE）	数据缺乏（DD）	无危（LC）	近危（NT）	易危（VU）	濒危（EN）	极危（CR）	野外灭绝（EW）	灭绝（EX）

中国生物多样性红色名录

《濒危野生动植物种国际贸易公约》（CITES）：未列入

省内主要分布：南雄、始兴、乳源、连南。

ān dá dāo qiāo jiǎ 安达刀锹甲 *Dorcus antaeus*

纲/目/科：昆虫纲，鞘翅目，锹甲科。

形态特征：黑色有光泽，体较宽扁，头部较为宽短，大颚粗壮而弯曲，具有较大的内齿。雌雄二型，雄虫身体粗壮，上颚极为发达。

生活习性：常栖息于海拔1000 m以上的阔叶林，成虫产卵于腐朽木屑土中。具有趋光性。

濒危状况：

世界自然保护联盟（IUCN）

未评估（NE）	数据缺乏（DD）	无危（LC）	近危（NT）	易危（VU）	濒危（EN）	极危（CR）	野外灭绝（EW）	灭绝（EX）

中国生物多样性红色名录

《濒危野生动植物种国际贸易公约》（CITES）：未列入

省内主要分布：广东，文献记载。

摄影 / 汤亮

jù chā shēn shān qiāo jiǎ
巨叉深山锹甲 *Lucanus hermani*

纲/目/科：昆虫纲，鞘翅目，锹甲科。

形态特征：通体棕色，头盾发达，有耳状突起，前胸筒状，较鞘翅部窄；上颚细长，弯曲，多齿。雌雄二型，雄虫身体粗壮，上颚极为发达。

生活习性：成虫食叶、食液、食蜜，幼虫腐食，常栖息于阔叶林中的树桩及其根部。成虫多夜出活动，具有趋光性。

濒危状况：

世界自然保护联盟（IUCN）

未评估（NE）	数据缺乏（DD）	无危（LC）	近危（NT）	易危（VU）	濒危（EN）	极危（CR）	野外灭绝（EW）	灭绝（EX）

中国生物多样性红色名录

《濒危野生动植物种国际贸易公约》（CITES）：未列入

省内主要分布：南雄、连州。

摄影 / 万霞

shāng fèng dié 裳凤蝶 *Troides helena*

纲/目/科：昆虫纲，鳞翅目，凤蝶科。

形态特征：触须、头部和胸部为黑色，头胸侧边有红色的绒毛，腹部为浅棕色或黄色；飞舞时姿态优美，后翅黄色斑像披着一件镶金的衣裳。

生活习性：生活在低海拔山区，飞行颇慢，喜于晨昏时飞至野花吸蜜。幼虫寄主为马兜铃科植物。

濒危状况：

世界自然保护联盟（IUCN）：无危（LC）

未评估（NE）	数据缺乏（DD）	无危（LC）	近危（NT）	易危（VU）	濒危（EN）	极危（CR）	野外灭绝（EW）	灭绝（EX）

中国生物多样性红色名录：数据缺乏（DD）

《濒危野生动植物种国际贸易公约》（CITES）：附录 Ⅱ

省内主要分布：广东省内广泛分布。

摄影 / 陈敢清

jīn shāng fèng dié
金裳凤蝶 *Troides aeacus*

摄影 / 汤亮

纲/目/科：昆虫纲，鳞翅目，凤蝶科。

形态特征：雌雄二型，前翅同为黑色，有白色条纹，主要区别在后翅，雄性大面积泛着金黄色，雌性后翅上有5个标志性的金色“A”形斑纹。

生活习性：分布在海拔1200 m以下的平地及丘陵地带，喜于晨昏时飞至野花吸蜜。幼虫寄主为马兜铃科植物。

濒危状况：

世界自然保护联盟（IUCN）

未评估（NE）	数据缺乏（DD）	无危（LC）	近危（NT）	易危（VU）	濒危（EN）	极危（CR）	野外灭绝（EW）	灭绝（EX）

中国生物多样性红色名录

《濒危野生动植物种国际贸易公约》（CITES）：附录 II

省内主要分布：广东省内广泛分布。

国家重点保护野生动物名录

中文名	学名	保护级别		备注
脊索动物门 CHORDATA				
哺乳纲 MAMMALIA				
灵长目 #	PRIMATES			
懒猴科	Lorisidae			
蜂猴	*Nycticebus bengalensis*	一级		
倭蜂猴	*Nycticebus pygmaeus*	一级		
猴科	Cercopithecidae			
短尾猴	*Macaca arctoides*		二级	
熊猴	*Macaca assamensis*		二级	
台湾猴	*Macaca cyclopis*	一级		
北豚尾猴	*Macaca leonina*	一级		原名“豚尾猴”
白颊猕猴	*Macaca leucogenys*		二级	
猕猴	*Macaca mulatta*		二级	
藏南猕猴	*Macaca munzala*		二级	
藏酋猴	*Macaca thibetana*		二级	
喜山长尾叶猴	*Semnopithecus schistaceus*	一级		
印支灰叶猴	*Trachypithecus crepusculus*	一级		
黑叶猴	*Trachypithecus francoisi*	一级		
菲氏叶猴	*Trachypithecus phayrei*	一级		
戴帽叶猴	*Trachypithecus pileatus*	一级		
白头叶猴	*Trachypithecus leucocephalus*	一级		
肖氏乌叶猴	*Trachypithecus shortridgei*	一级		
滇金丝猴	*Rhinopithecus bieti*	一级		
黔金丝猴	*Rhinopithecus brelichi*	一级		
川金丝猴	*Rhinopithecus roxellana*	一级		
怒江金丝猴	*Rhinopithecus strykeri*	一级		
长臂猿科	Hylobatidae			
西白眉长臂猿	*Hoolock hoolock*	一级		
东白眉长臂猿	*Hoolock leuconedys*	一级		
高黎贡白眉长臂猿	*Hoolock tianxing*	一级		
白掌长臂猿	*Hylobates lar*	一级		
西黑冠长臂猿	*Nomascus concolor*	一级		
东黑冠长臂猿	*Nomascus nasutus*	一级		

（续上表）

中文名	学名	保护级别		备注
海南长臂猿	*Nomascus hainanus*	一级		
北白颊长臂猿	*Nomascus leucogenys*	一级		
鳞甲目 #	PHOLIDOTA			
鲮鲤科	Manidae			
印度穿山甲	*Manis crassicaudata*	一级		
马来穿山甲	*Manis javanica*	一级		
穿山甲	*Manis pentadactyla*	一级		
食肉目	CARNIVORA			
犬科	Canidae			
狼	*Canis lupus*		二级	
亚洲胡狼	*Canis aureus*		二级	
豺	*Cuon alpinus*	一级		
貉	*Nyctereutes procyonoides*		二级	仅限野外种群
沙狐	*Vulpes corsac*		二级	
藏狐	*Vulpes ferrilata*		二级	
赤狐	*Vulpes vulpes*		二级	
熊科 #	Ursidae			
懒熊	*Melursus ursinus*		二级	
马来熊	*Helarctos malayanus*	一级		
棕熊	*Ursus arctos*		二级	
黑熊	*Ursus thibetanus*		二级	
大熊猫科 #	Ailuropodidae			
大熊猫	*Ailuropoda melanoleuca*	一级		
小熊猫科 #	Ailuridae			
小熊猫	*Ailurus fulgens*		二级	
鼬科	Mustelidae			
黄喉貂	*Martes flavigula*		二级	
石貂	*Martes foina*		二级	
紫貂	*Martes zibellina*	一级		
貂熊	*Gulo gulo*	一级		
* 小爪水獭	*Aonyx cinerea*		二级	
* 水獭	*Lutra lutra*		二级	
* 江獭	*Lutrogale perspicillata*		二级	
灵猫科	Viverridae			
大斑灵猫	*Viverra megaspila*	一级		

（续上表）

中文名	学名	保护级别		备注
大灵猫	*Viverra zibetha*	一级		
小灵猫	*Viverricula indica*	一级		
椰子猫	*Paradoxurus hermaphroditus*		二级	
熊狸	*Arctictis binturong*	一级		
小齿狸	*Arctogalidia trivirgata*	一级		
缟灵猫	*Chrotogale owstoni*	一级		
林狸科	Prionodontidae			
斑林狸	*Prionodon pardicolor*		二级	
猫科 #	Felidae			
荒漠猫	*Felis bieti*	一级		
丛林猫	*Felis chaus*	一级		
草原斑猫	*Felis silvestris*		二级	
渔猫	*Felis viverrinus*		二级	
兔狲	*Otocolobus manul*		二级	
猞猁	*Lynx lynx*		二级	
云猫	*Pardofelis marmorata*		二级	
金猫	*Pardofelis temminckii*	一级		
豹猫	*Prionailurus bengalensis*		二级	
云豹	*Neofelis nebulosa*	一级		
豹	*Panthera pardus*	一级		
虎	*Panthera tigris*	一级		
雪豹	*Panthera uncia*	一级		
海狮科 #	Otariidae			
* 北海狗	*Callorhinus ursinus*		二级	
* 北海狮	*Eumetopias jubatus*		二级	
海豹科 #	Phocidae			
* 西太平洋斑海豹	*Phoca largha*	一级		原名“斑海豹”
* 髯海豹	*Erignathus barbatus*		二级	
* 环海豹	*Pusa hispida*		二级	
长鼻目 #	PROBOSCIDEA			
象科	Elephantidae			
亚洲象	*Elephas maximus*	一级		
奇蹄目	PERISSODACTYLA			
马科	Equidae			
普氏野马	*Equus ferus*	一级		原名“野马”
蒙古野驴	*Equus hemionus*	一级		

（续上表）

中文名	学名	保护级别		备注
藏野驴	*Equus kiang*	一级		原名“西藏野驴”
偶蹄目	ARTIODACTYLA			
骆驼科	Camelidae			原名“驼科”
野骆驼	*Camelus ferus*	一级		
鼷鹿科 #	Tragulidae			
威氏鼷鹿	*Tragulus williamsoni*	一级		原名“鼷鹿”
麝科 #	Moschidae			
安徽麝	*Moschus anhuiensis*	一级		
林麝	*Moschus berezovskii*	一级		
马麝	*Moschus chrysogaster*	一级		
黑麝	*Moschus fuscus*	一级		
喜马拉雅麝	*Moschus leucogaster*	一级		
原麝	*Moschus moschiferus*	一级		
鹿科	Cervidae			
獐	*Hydropotes inermis*		二级	原名“河麂”
黑麂	*Muntiacus crinifrons*	一级		
贡山麂	*Muntiacus gongshanensis*		二级	
海南麂	*Muntiacus nigripes*		二级	
豚鹿	*Axis porcinus*	一级		
水鹿	*Cervus equinus*		二级	
梅花鹿	*Cervus nippon*	一级		仅限野外种群
马鹿	*Cervus canadensis*		二级	仅限野外种群
西藏马鹿（包括白臀鹿）	*Cervus wallichii*（*C. w. macneilli*）	一级		
塔里木马鹿	*Cervus yarkandensis*	一级		仅限野外种群
坡鹿	*Panolia siamensis*	一级		
白唇鹿	*Przewalskium albirostris*	一级		
麋鹿	*Elaphurus davidianus*	一级		
毛冠鹿	*Elaphodus cephalophus*		二级	
驼鹿	*Alces alces*	一级		
牛科	Bovidae			
野牛	*Bos gaurus*	一级		
爪哇野牛	*Bos javanicus*	一级		
野牦牛	*Bos mutus*	一级		
蒙原羚	*Procapra gutturosa*	一级		原名“黄羊”
藏原羚	*Procapra picticaudata*		二级	

（续上表）

中文名	学名	保护级别		备注
普氏原羚	*Procapra przewalskii*	一级		
鹅喉羚	*Gazella subgutturosa*		二级	
藏羚	*Pantholops hodgsonii*	一级		
高鼻羚羊	*Saiga tatarica*	一级		
秦岭羚牛	*Budorcas bedfordi*	一级		
四川羚牛	*Budorcas tibetanus*	一级		
不丹羚牛	*Budorcas whitei*	一级		
贡山羚牛	*Budorcas taxicolor*	一级		
赤斑羚	*Naemorhedus baileyi*	一级		
长尾斑羚	*Naemorhedus caudatus*		二级	
缅甸斑羚	*Naemorhedus evansi*		二级	
喜马拉雅斑羚	*Naemorhedus goral*	一级		
中华斑羚	*Naemorhedus griseus*		二级	
塔尔羊	*Hemitragus jemlahicus*	一级		
北山羊	*Capra sibirica*		二级	
岩羊	*Pseudois nayaur*		二级	
阿尔泰盘羊	*Ovis ammon*		二级	
哈萨克盘羊	*Ovis collium*		二级	
戈壁盘羊	*Ovis darwini*		二级	
西藏盘羊	*Ovis hodgsoni*	一级		
天山盘羊	*Ovis karelini*		二级	
帕米尔盘羊	*Ovis polii*		二级	
中华鬣羚	*Capricornis milneedwardsii*		二级	
红鬣羚	*Capricornis rubidus*		二级	
台湾鬣羚	*Capricornis swinhoei*	一级		
喜马拉雅鬣羚	*Capricornis thar*	一级		
啮齿目	RODENTIA			
河狸科	Castoridae			
河狸	*Castor fiber*	一级		
松鼠科	Sciuridae			
巨松鼠	*Ratufa bicolor*		二级	
兔形目	LAGOMORPHA			
鼠兔科	Ochotonidae			
贺兰山鼠兔	*Ochotona argentata*		二级	
伊犁鼠兔	*Ochotona iliensis*		二级	
兔科	Leporidae			

（续上表）

中文名	学名	保护级别		备注
粗毛兔	*Caprolagus hispidus*		二级	
海南兔	*Lepus hainanus*		二级	
雪兔	*Lepus timidus*		二级	
塔里木兔	*Lepus yarkandensis*		二级	
海牛目 #	SIRENIA			
儒艮科	Dugongidae			
* 儒艮	*Dugong dugon*	一级		
鲸目 #	CETACEA			
露脊鲸科	Balaenidae			
* 北太平洋露脊鲸	*Eubalaena japonica*	一级		
灰鲸科	Eschrichtiidae			
* 灰鲸	*Eschrichtius robustus*	一级		
须鲸科	Balaenopteridae			
* 蓝鲸	*Balaenoptera musculus*	一级		
* 小须鲸	*Balaenoptera acutorostrata*	一级		
* 塞鲸	*Balaenoptera borealis*	一级		
* 布氏鲸	*Balaenoptera edeni*	一级		
* 大村鲸	*Balaenoptera omurai*	一级		
* 长须鲸	*Balaenoptera physalus*	一级		
* 大翅鲸	*Megaptera novaeangliae*	一级		
白鱀豚科	Lipotidae			
* 白鱀豚	*Lipotes vexillifer*	一级		
恒河豚科	Platanistidae			
* 恒河豚	*Platanista gangetica*	一级		
海豚科	Delphinidae			
* 中华白海豚	*Sousa chinensis*	一级		
* 糙齿海豚	*Steno bredanensis*		二级	
* 热带点斑原海豚	*Stenella attenuata*		二级	
* 条纹原海豚	*Stenella coeruleoalba*		二级	
* 飞旋原海豚	*Stenella longirostris*		二级	
* 长喙真海豚	*Delphinus capensis*		二级	
* 真海豚	*Delphinus delphis*		二级	
* 印太瓶鼻海豚	*Tursiops aduncus*		二级	
* 瓶鼻海豚	*Tursiops truncatus*		二级	
* 弗氏海豚	*Lagenodelphis hosei*		二级	
* 里氏海豚	*Grampus griseus*		二级	

（续上表）

中文名	学名	保护级别		备注
* 太平洋斑纹海豚	*Lagenorhynchus obliquidens*		二级	
* 瓜头鲸	*Peponocephala electra*		二级	
* 虎鲸	*Orcinus orca*		二级	
* 伪虎鲸	*Pseudorca crassidens*		二级	
* 小虎鲸	*Feresa attenuata*		二级	
* 短肢领航鲸	*Globicephala macrorhynchus*		二级	
鼠海豚科	Phocoenidae			
* 长江江豚	*Neophocaena asiaeorientalis*	一级		
* 东亚江豚	*Neophocaena sunameri*		二级	
* 印太江豚	*Neophocaena phocaenoid*		二级	
抹香鲸科	Physeteridae			
* 抹香鲸	*Physeter macrocephalus*	一级		
* 小抹香鲸	*Kogia breviceps*		二级	
* 侏抹香鲸	*Kogia sima*		二级	
喙鲸科	Ziphidae			
* 鹅喙鲸	*Ziphius cavirostris*		二级	
* 柏氏中喙鲸	*Mesoplodon densirostris*		二级	
* 银杏齿中喙鲸	*Mesoplodon ginkgodens*		二级	
* 小中喙鲸	*Mesoplodon peruvianus*		二级	
* 贝氏喙鲸	*Berardius bairdii*		二级	
* 朗氏喙鲸	*Indopacetus pacificus*		二级	
鸟纲 AVES				
鸡形目	GALLIFORMES			
雉科	Phasianidae			
环颈山鹧鸪	*Arborophila torqueola*		二级	
四川山鹧鸪	*Arborophila rufipectus*	一级		
红喉山鹧鸪	*Arborophila rufogularis*		二级	
白眉山鹧鸪	*Arborophila gingica*		二级	
白颊山鹧鸪	*Arborophila atrogularis*		二级	
褐胸山鹧鸪	*Arborophila brunneopectus*		二级	
红胸山鹧鸪	*Arborophila mandellii*		二级	
台湾山鹧鸪	*Arborophila crudigularis*		二级	
海南山鹧鸪	*Arborophila ardens*	一级		
绿脚树鹧鸪	*Tropicoperdix chloropus*		二级	
花尾榛鸡	*Tetrastes bonasia*		二级	
斑尾榛鸡	*Tetrastes sewerzowi*	一级		

（续上表）

中文名	学名	保护级别		备注
镰翅鸡	*Falcipennis falcipennis*		二级	
松鸡	*Tetrao urogallus*		二级	
黑嘴松鸡	*Tetrao urogalloides*	一级		原名“细嘴松鸡”
黑琴鸡	*Lyrurus tetrix*	一级		
岩雷鸟	*Lagopus muta*		二级	
柳雷鸟	*Lagopus lagopus*		二级	
红喉雉鹑	*Tetraophasis obscurus*	一级		
黄喉雉鹑	*Tetraophasis szechenyii*	一级		
暗腹雪鸡	*Tetraogallus himalayensis*		二级	
藏雪鸡	*Tetraogallus tibetanus*		二级	
阿尔泰雪鸡	*Tetraogallus altaicus*		二级	
大石鸡	*Alectoris magna*		二级	
血雉	*Ithaginis cruentus*		二级	
黑头角雉	*Tragopan melanocephalus*	一级		
红胸角雉	*Tragopan satyra*	一级		
灰腹角雉	*Tragopan blythii*	一级		
红腹角雉	*Tragopan temminckii*		二级	
黄腹角雉	*Tragopan caboti*	一级		
勺鸡	*Pucrasia macrolopha*		二级	
棕尾虹雉	*Lophophorus impejanus*	一级		
白尾梢虹雉	*Lophophorus sclateri*	一级		
绿尾虹雉	*Lophophorus lhuysii*	一级		
红原鸡	*Gallus gallus*		二级	原名“原鸡”
黑鹇	*Lophura leucomelanos*		二级	
白鹇	*Lophura nycthemera*		二级	
蓝腹鹇	*Lophura swinhoii*	一级		原名“蓝鹇”
白马鸡	*Crossoptilon crossoptilon*		二级	
藏马鸡	*Crossoptilon harmani*		二级	
褐马鸡	*Crossoptilon mantchuricum*	一级		
蓝马鸡	*Crossoptilon auritum*		二级	
白颈长尾雉	*Syrmaticus ellioti*	一级		
黑颈长尾雉	*Syrmaticus humiae*	一级		
黑长尾雉	*Syrmaticus mikado*	一级		
白冠长尾雉	*Syrmaticus reevesii*	一级		
红腹锦鸡	*Chrysolophus pictus*		二级	
白腹锦鸡	*Chrysolophus amherstiae*		二级	

（续上表）

中文名	学名	保护级别		备注
灰孔雀雉	*Polyplectron bicalcaratum*	一级		
海南孔雀雉	*Polyplectron katsumatae*	一级		
绿孔雀	*Pavo muticus*	一级		
雁形目	ANSERIFORMES			
鸭科	Anatidae			
栗树鸭	*Dendrocygna javanica*		二级	
鸿雁	*Anser cygnoid*		二级	
白额雁	*Anser albifrons*		二级	
小白额雁	*Anser erythropus*		二级	
红胸黑雁	*Branta ruficollis*		二级	
疣鼻天鹅	*Cygnus olor*		二级	
小天鹅	*Cygnus columbianus*		二级	
大天鹅	*Cygnus cygnus*		二级	
鸳鸯	*Aix galericulata*		二级	
棉凫	*Nettapus coromandelianus*		二级	
花脸鸭	*Sibirionetta formosa*		二级	
云石斑鸭	*Marmaronetta angustirostris*		二级	
青头潜鸭	*Aythya baeri*	一级		
斑头秋沙鸭	*Mergellus albellus*		二级	
中华秋沙鸭	*Mergus squamatus*	一级		
白头硬尾鸭	*Oxyura leucocephala*	一级		
白翅栖鸭	*Asarcornis scutulata*		二级	
䴙䴘目	PODICIPEDIFORMES			
䴙䴘科	Podicipedidae			
赤颈䴙䴘	*Podiceps grisegena*		二级	
角䴙䴘	*Podiceps auritus*		二级	
黑颈䴙䴘	*Podiceps nigricollis*		二级	
鸽形目	COLUMBIFORMES			
鸠鸽科	Columbidae			
中亚鸽	*Columba eversmanni*		二级	
斑尾林鸽	*Columba palumbus*		二级	
紫林鸽	*Columba punicea*		二级	
斑尾鹃鸠	*Macropygia unchall*		二级	
菲律宾鹃鸠	*Macropygia tenuirostris*		二级	
小鹃鸠	*Macropygia ruficeps*	一级		原名“棕头鹃鸠”
橙胸绿鸠	*Treron bicinctus*		二级	

（续上表）

中文名	学名	保护级别		备注
灰头绿鸠	*Treron pompadora*		二级	
厚嘴绿鸠	*Treron curvirostra*		二级	
黄脚绿鸠	*Treron phoenicopterus*		二级	
针尾绿鸠	*Treron apicauda*		二级	
楔尾绿鸠	*Treron sphenurus*		二级	
红翅绿鸠	*Treron sieboldii*		二级	
红顶绿鸠	*Treron formosae*		二级	
黑颏果鸠	*Ptilinopus leclancheri*		二级	
绿皇鸠	*Ducula aenea*		二级	
山皇鸠	*Ducula badia*		二级	
沙鸡目	PTEROCLIFORMES			
沙鸡科	Pteroclidae			
黑腹沙鸡	*Pterocles orientalis*		二级	
夜鹰目	CAPRIMULGIFORMES			
蛙口夜鹰科	Podargidae			
黑顶蛙口夜鹰	*Batrachostomus hodgsoni*		二级	
凤头雨燕科	Hemiprocnidae			
凤头雨燕	*Hemiprocne coronata*		二级	
雨燕科	Apodidae			
爪哇金丝燕	*Aerodramus fuciphagus*		二级	
灰喉针尾雨燕	*Hirundapus cochinchinensis*		二级	
鹃形目	CUCULIFORMES			
杜鹃科	Cuculidae			
褐翅鸦鹃	*Centropus sinensis*		二级	
小鸦鹃	*Centropus bengalensis*		二级	
鸨形目 #	OTIDIFORMES			
鸨科	Otididae			
大鸨	*Otis tarda*	一级		
波斑鸨	*Chlamydotis macqueenii*	一级		
小鸨	*Tetrax tetrax*	一级		
鹤形目	GRUIFORMES			
秧鸡科	Rallidae			
花田鸡	*Coturnicops exquisitus*		二级	
长脚秧鸡	*Crex crex*		二级	
棕背田鸡	*Zapornia bicolor*		二级	
姬田鸡	*Zapornia parva*		二级	

（续上表）

中文名	学名	保护级别		备注
斑胁田鸡	*Zapornia paykullii*		二级	
紫水鸡	*Porphyrio porphyrio*		二级	
鹤科 #	Gruidae			
白鹤	*Grus leucogeranus*	一级		
沙丘鹤	*Grus canadensis*		二级	
白枕鹤	*Grus vipio*	一级		
赤颈鹤	*Grus antigone*	一级		
蓑羽鹤	*Grus virgo*		二级	
丹顶鹤	*Grus japonensis*	一级		
灰鹤	*Grus grus*		二级	
白头鹤	*Grus monacha*	一级		
黑颈鹤	*Grus nigricollis*	一级		
鸻形目	CHARADRIIFORMES			
石鸻科	Burhinidae			
大石鸻	*Esacus recurvirostris*		二级	
鹮嘴鹬科	Ibidorhynchidae			
鹮嘴鹬	*Ibidorhyncha struthersii*		二级	
鸻科	Charadriidae			
黄颊麦鸡	*Vanellus gregarius*		二级	
水雉科	Jacanidae			
水雉	*Hydrophasianus chirurgus*		二级	
铜翅水雉	*Metopidius indicus*		二级	
鹬科	Scolopacidae			
林沙锥	*Gallinago nemoricola*		二级	
半蹼鹬	*Limnodromus semipalmatus*		二级	
小杓鹬	*Numenius minutus*		二级	
白腰杓鹬	*Numenius arquata*		二级	
大杓鹬	*Numenius madagascariensis*		二级	
小青脚鹬	*Tringa guttifer*	一级		
翻石鹬	*Arenaria interpres*		二级	
大滨鹬	*Calidris tenuirostris*		二级	
勺嘴鹬	*Calidris pygmaea*	一级		
阔嘴鹬	*Calidris falcinellus*		二级	
燕鸻科	Glareolidae			
灰燕鸻	*Glareola lactea*		二级	
鸥科	Laridae			

（续上表）

中文名	学名	保护级别		备注
黑嘴鸥	*Saundersilarus saundersi*	一级		
小鸥	*Hydrocoloeus minutus*		二级	
遗鸥	*Ichthyaetus relictus*	一级		
大凤头燕鸥	*Thalasseus bergii*		二级	
中华凤头燕鸥	*Thalasseus bernsteini*	一级		原名“黑嘴端凤头燕鸥”
河燕鸥	*Sterna aurantia*	一级		原名“黄嘴河燕鸥”
黑腹燕鸥	*Sterna acuticauda*		二级	
黑浮鸥	*Chlidonias niger*		二级	
海雀科	Alcidae			
冠海雀	*Synthliboramphus wumizusume*		二级	
鹱形目	PROCELLARIIFORMES			
信天翁科	Diomedeidae			
黑脚信天翁	*Phoebastria nigripes*	一级		
短尾信天翁	*Phoebastria albatrus*	一级		
鹳形目	CICONIIFORMES			
鹳科	Ciconiidae			
彩鹳	*Mycteria leucocephala*	一级		
黑鹳	*Ciconia nigra*	一级		
白鹳	*Ciconia ciconia*	一级		
东方白鹳	*Ciconia boyciana*	一级		
秃鹳	*Leptoptilos javanicus*		二级	
鲣鸟目	SULIFORMES			
军舰鸟科	Fregatidae			
白腹军舰鸟	*Fregata andrewsi*	一级		
黑腹军舰鸟	*Fregata minor*		二级	
白斑军舰鸟	*Fregata ariel*		二级	
鲣鸟科 #	Sulidae			
蓝脸鲣鸟	*Sula dactylatra*		二级	
红脚鲣鸟	*Sula sula*		二级	
褐鲣鸟	*Sula leucogaster*		二级	
鸬鹚科	Phalacrocoracidae			
黑颈鸬鹚	*Microcarbo niger*		二级	
海鸬鹚	*Phalacrocorax pelagicus*		二级	
鹈形目	PELECANIFORMES			
鹮科	Threskiornithidae			

（续上表）

中文名	学名	保护级别		备注
黑头白鹮	*Threskiornis melanocephalus*	一级		原名“白鹮”
白肩黑鹮	*Pseudibis davisoni*	一级		原名“黑鹮”
朱鹮	*Nipponia nippon*	一级		
彩鹮	*Plegadis falcinellus*	一级		
白琵鹭	*Platalea leucorodia*		二级	
黑脸琵鹭	*Platalea minor*	一级		
鹭科	Ardeidae			
小苇鳽	*Ixobrychus minutus*		二级	
海南鳽	*Gorsachius magnificus*	一级		原名“海南虎斑鳽”
栗头鳽	*Gorsachius goisagi*		二级	
黑冠鳽	*Gorsachius melanolophus*		二级	
白腹鹭	*Ardea insignis*	一级		
岩鹭	*Egretta sacra*		二级	
黄嘴白鹭	*Egretta eulophotes*	一级		
鹈鹕科 #	Pelecanidae			
白鹈鹕	*Pelecanus onocrotalus*	一级		
斑嘴鹈鹕	*Pelecanus philippensis*	一级		
卷羽鹈鹕	*Pelecanus crispus*	一级		
鹰形目 #	ACCIPITRIFORMES			
鹗科	Pandionidae			
鹗	*Pandion haliaetus*		二级	
鹰科	Accipitridae			
黑翅鸢	*Elanus caeruleus*		二级	
胡兀鹫	*Gypaetus barbatus*	一级		
白兀鹫	*Neophron percnopterus*		二级	
鹃头蜂鹰	*Pernis apivorus*		二级	
凤头蜂鹰	*Pernis ptilorhynchus*		二级	
褐冠鹃隼	*Aviceda jerdoni*		二级	
黑冠鹃隼	*Aviceda leuphotes*		二级	
兀鹫	*Gyps fulvus*		二级	
长嘴兀鹫	*Gyps indicus*		二级	
白背兀鹫	*Gyps bengalensis*	一级		原名“拟兀鹫”
高山兀鹫	*Gyps himalayensis*		二级	
黑兀鹫	*Sarcogyps calvus*	一级		
秃鹫	*Aegypius monachus*	一级		

（续上表）

中文名	学名	保护级别		备注
蛇雕	*Spilornis cheela*		二级	
短趾雕	*Circaetus gallicus*		二级	
凤头鹰雕	*Nisaetus cirrhatus*		二级	
鹰雕	*Nisaetus nipalensis*		二级	
棕腹隼雕	*Lophotriorchis kienerii*		二级	
林雕	*Ictinaetus malaiensis*		二级	
乌雕	*Clanga clanga*	一级		
靴隼雕	*Hieraaetus pennatus*		二级	
草原雕	*Aquila nipalensis*	一级		
白肩雕	*Aquila heliaca*	一级		
金雕	*Aquila chrysaetos*	一级		
白腹隼雕	*Aquila fasciata*		二级	
凤头鹰	*Accipiter trivirgatus*		二级	
褐耳鹰	*Accipiter badius*		二级	
赤腹鹰	*Accipiter soloensis*		二级	
日本松雀鹰	*Accipiter gularis*		二级	
松雀鹰	*Accipiter virgatus*		二级	
雀鹰	*Accipiter nisus*		二级	
苍鹰	*Accipiter gentilis*		二级	
白头鹞	*Circus aeruginosus*		二级	
白腹鹞	*Circus spilonotus*		二级	
白尾鹞	*Circus cyaneus*		二级	
草原鹞	*Circus macrourus*		二级	
鹊鹞	*Circus melanoleucos*		二级	
乌灰鹞	*Circus pygargus*		二级	
黑鸢	*Milvus migrans*		二级	
栗鸢	*Haliastur indus*		二级	
白腹海雕	*Haliaeetus leucogaster*	一级		
玉带海雕	*Haliaeetus leucoryphus*	一级		
白尾海雕	*Haliaeetus albicilla*	一级		
虎头海雕	*Haliaeetus pelagicus*	一级		
渔雕	*Ichthyophaga humilis*		二级	
白眼鵟鹰	*Butastur teesa*		二级	
棕翅鵟鹰	*Butastur liventer*		二级	
灰脸鵟鹰	*Butastur indicus*		二级	
毛脚鵟	*Buteo lagopus*		二级	

（续上表）

中文名	学名	保护级别		备注
大鵟	*Buteo hemilasius*		二级	
普通鵟	*Buteo japonicus*		二级	
喜山鵟	*Buteo refectus*		二级	
欧亚鵟	*Buteo buteo*		二级	
棕尾鵟	*Buteo rufinus*		二级	
鸮形目 #	STRIGIFORMES			
鸱鸮科	Strigidae			
黄嘴角鸮	*Otus spilocephalus*		二级	
领角鸮	*Otus lettia*		二级	
北领角鸮	*Otus semitorques*		二级	
纵纹角鸮	*Otus brucei*		二级	
西红角鸮	*Otus scops*		二级	
红角鸮	*Otus sunia*		二级	
优雅角鸮	*Otus elegans*		二级	
雪鸮	*Bubo scandiacus*		二级	
雕鸮	*Bubo bubo*		二级	
林雕鸮	*Bubo nipalensis*		二级	
毛腿雕鸮	*Bubo blakistoni*	一级		
褐渔鸮	*Ketupa zeylonensis*		二级	
黄腿渔鸮	*Ketupa flavipes*		二级	
褐林鸮	*Strix leptogrammica*		二级	
灰林鸮	*Strix aluco*		二级	
长尾林鸮	*Strix uralensis*		二级	
四川林鸮	*Strix davidi*	一级		
乌林鸮	*Strix nebulosa*		二级	
猛鸮	*Surnia ulula*		二级	
花头鸺鹠	*Glaucidium passerinum*		二级	
领鸺鹠	*Glaucidium brodiei*		二级	
斑头鸺鹠	*Glaucidium cuculoides*		二级	
纵纹腹小鸮	*Athene noctua*		二级	
横斑腹小鸮	*Athene brama*		二级	
鬼鸮	*Aegolius funereus*		二级	
鹰鸮	*Ninox scutulata*		二级	
日本鹰鸮	*Ninox japonica*		二级	
长耳鸮	*Asio otus*		二级	
短耳鸮	*Asio flammeus*		二级	

（续上表）

中文名	学名	保护级别		备注
草鸮科	Tytonidae			
仓鸮	*Tyto alba*		二级	
草鸮	*Tyto longimembris*		二级	
栗鸮	*Phodilus badius*		二级	
咬鹃目 #	TROGONIFORMES			
咬鹃科	Trogonidae			
橙胸咬鹃	*Harpactes oreskios*		二级	
红头咬鹃	*Harpactes erythrocephalus*		二级	
红腹咬鹃	*Harpactes wardi*		二级	
犀鸟目	BUCEROTIFORMES			
犀鸟科 #	Bucerotidae			
白喉犀鸟	*Anorrhinus austeni*	一级		
冠斑犀鸟	*Anthracoceros albirostris*	一级		
双角犀鸟	*Buceros bicornis*	一级		
棕颈犀鸟	*Aceros nipalensis*	一级		
花冠皱盔犀鸟	*Rhyticeros undulatus*	一级		
佛法僧目	CORACIIFORMES			
蜂虎科	Meropidae			
赤须蜂虎	*Nyctyornis amictus*		二级	
蓝须蜂虎	*Nyctyornis athertoni*		二级	
绿喉蜂虎	*Merops orientalis*		二级	
蓝颊蜂虎	*Merops persicus*		二级	
栗喉蜂虎	*Merops philippinus*		二级	
彩虹蜂虎	*Merops ornatus*		二级	
蓝喉蜂虎	*Merops viridis*		二级	
栗头蜂虎	*Merops leschenaultia*		二级	原名“黑胸蜂虎”
翠鸟科	Alcedinidae			
鹳嘴翡翠	*Pelargopsis capensis*		二级	原名“鹳嘴翠鸟”
白胸翡翠	*Halcyon smyrnensis*		二级	
蓝耳翠鸟	*Alcedo meninting*		二级	
斑头大翠鸟	*Alcedo hercules*		二级	
啄木鸟目	PICIFORMES			
啄木鸟科	Picidae			
白翅啄木鸟	*Dendrocopos leucopterus*		二级	
三趾啄木鸟	*Picoides tridactylus*		二级	
白腹黑啄木鸟	*Dryocopus javensis*		二级	

（续上表）

中文名	学名	保护级别		备注
黑啄木鸟	*Dryocopus martius*		二级	
大黄冠啄木鸟	*Chrysophlegma flavinucha*		二级	
黄冠啄木鸟	*Picus chlorolophus*		二级	
红颈绿啄木鸟	*Picus rabieri*		二级	
大灰啄木鸟	*Mulleripicus pulverulentus*		二级	
隼形目 #	FALCONIFORMES			
隼科	Falconidae			
红腿小隼	*Microhierax caerulescens*		二级	
白腿小隼	*Microhierax melanoleucos*		二级	
黄爪隼	*Falco naumanni*		二级	
红隼	*Falco tinnunculus*		二级	
西红脚隼	*Falco vespertinus*		二级	
红脚隼	*Falco amurensis*		二级	
灰背隼	*Falco columbarius*		二级	
燕隼	*Falco subbuteo*		二级	
猛隼	*Falco severus*		二级	
猎隼	*Falco cherrug*	一级		
矛隼	*Falco rusticolus*	一级		
游隼	*Falco peregrinus*		二级	
鹦鹉目 #	PSITTACIFORMES			
鹦鹉科	Psittacidae			
短尾鹦鹉	*Loriculus vernalis*		二级	
蓝腰鹦鹉	*Psittinus cyanurus*		二级	
亚历山大鹦鹉	*Psittacula eupatria*		二级	
红领绿鹦鹉	*Psittacula krameri*		二级	
青头鹦鹉	*Psittacula himalayana*		二级	
灰头鹦鹉	*Psittacula finschii*		二级	
花头鹦鹉	*Psittacula roseata*		二级	
大紫胸鹦鹉	*Psittacula derbiana*		二级	
绯胸鹦鹉	*Psittacula alexandri*		二级	
雀形目	PASSERIFORMES			
八色鸫科 #	Pittidae			
双辫八色鸫	*Pitta phayrei*		二级	
蓝枕八色鸫	*Pitta nipalensis*		二级	
蓝背八色鸫	*Pitta soror*		二级	
栗头八色鸫	*Pitta oatesi*		二级	

（续上表）

中文名	学名	保护级别		备注
蓝八色鸫	*Pitta cyanea*		二级	
绿胸八色鸫	*Pitta sordida*		二级	
仙八色鸫	*Pitta nympha*		二级	
蓝翅八色鸫	*Pitta moluccensis*		二级	
阔嘴鸟科 #	Eurylaimidae			
长尾阔嘴鸟	*Psarisomus dalhousiae*		二级	
银胸丝冠鸟	*Serilophus lunatus*		二级	
黄鹂科	Oriolidae			
鹊鹂	*Oriolus mellianus*		二级	
卷尾科	Dicruridae			
小盘尾	*Dicrurus remifer*		二级	
大盘尾	*Dicrurus paradiseus*		二级	
鸦科	Corvidae			
黑头噪鸦	*Perisoreus internigrans*	一级		
蓝绿鹊	*Cissa chinensis*		二级	
黄胸绿鹊	*Cissa hypoleuca*		二级	
黑尾地鸦	*Podoces hendersoni*		二级	
白尾地鸦	*Podoces biddulphi*		二级	
山雀科	Paridae			
白眉山雀	*Poecile superciliosus*		二级	
红腹山雀	*Poecile davidi*		二级	
百灵科	Alaudidae			
歌百灵	*Mirafra javanica*		二级	
蒙古百灵	*Melanocorypha mongolica*		二级	
云雀	*Alauda arvensis*		二级	
苇莺科	Acrocephalidae			
细纹苇莺	*Acrocephalus sorghophilus*		二级	
鹎科	Pycnonotidae			
台湾鹎	*Pycnonotus taivanus*		二级	
莺鹛科	Sylviidae			
金胸雀鹛	*Lioparus chrysotis*		二级	
宝兴鹛雀	*Moupinia poecilotis*		二级	
中华雀鹛	*Fulvetta striaticollis*		二级	
三趾鸦雀	*Cholornis paradoxus*		二级	
白眶鸦雀	*Sinosuthora conspicillata*		二级	
暗色鸦雀	*Sinosuthora zappeyi*		二级	

（续上表）

中文名	学名	保护级别		备注
灰冠鸦雀	*Sinosuthora przewalskii*	一级		
短尾鸦雀	*Neosuthora davidiana*		二级	
震旦鸦雀	*Paradoxornis heudei*		二级	
绣眼鸟科	Zosteropidae			
红胁绣眼鸟	*Zosterops erythropleurus*		二级	
林鹛科	Timaliidae			
淡喉鹩鹛	*Spelaeornis kinneari*		二级	
弄岗穗鹛	*Stachyris nonggangensis*		二级	
幽鹛科	Pellorneidae			
金额雀鹛	*Schoeniparus variegaticeps*	一级		
噪鹛科	Leiothrichidae			
大草鹛	*Babax waddelli*		二级	
棕草鹛	*Babax koslowi*		二级	
画眉	*Garrulax canorus*		二级	
海南画眉	*Garrulax owstoni*		二级	
台湾画眉	*Garrulax taewanus*		二级	
褐胸噪鹛	*Garrulax maesi*		二级	
黑额山噪鹛	*Garrulax sukatschewi*	一级		
斑背噪鹛	*Garrulax lunulatus*		二级	
白点噪鹛	*Garrulax bieti*	一级		
大噪鹛	*Garrulax maximus*		二级	
眼纹噪鹛	*Garrulax ocellatus*		二级	
黑喉噪鹛	*Garrulax chinensis*		二级	
蓝冠噪鹛	*Garrulax courtoisi*	一级		
棕噪鹛	*Garrulax berthemyi*		二级	
橙翅噪鹛	*Trochalopteron elliotii*		二级	
红翅噪鹛	*Trochalopteron formosum*		二级	
红尾噪鹛	*Trochalopteron milnei*		二级	
黑冠薮鹛	*Liocichla bugunorum*	一级		
灰胸薮鹛	*Liocichla omeiensis*	一级		
银耳相思鸟	*Leiothrix argentauris*		二级	
红嘴相思鸟	*Leiothrix lutea*		二级	
旋木雀科	Certhiidae			
四川旋木雀	*Certhia tianquanensis*		二级	
䴓科	Sittidae			
滇䴓	*Sitta yunnanensis*		二级	

（续上表）

中文名	学名	保护级别		备注
巨䴓	*Sitta magna*		二级	
丽䴓	*Sitta formosa*		二级	
椋鸟科	Sturnidae			
鹩哥	*Gracula religiosa*		二级	
鸫科	Turdidae			
褐头鸫	*Turdus feae*		二级	
紫宽嘴鸫	*Cochoa purpurea*		二级	
绿宽嘴鸫	*Cochoa viridis*		二级	
鹟科	Muscicapidae			
棕头歌鸲	*Larvivora ruficeps*	一级		
红喉歌鸲	*Calliope calliope*		二级	
黑喉歌鸲	*Calliope obscura*		二级	
金胸歌鸲	*Calliope pectardens*		二级	
蓝喉歌鸲	*Luscinia svecica*		二级	
新疆歌鸲	*Luscinia megarhynchos*		二级	
棕腹林鸲	*Tarsiger hyperythrus*		二级	
贺兰山红尾鸲	*Phoenicurus alaschanicus*		二级	
白喉石䳭	*Saxicola insignis*		二级	
白喉林鹟	*Cyornis brunneatus*		二级	
棕腹大仙鹟	*Niltava davidi*		二级	
大仙鹟	*Niltava grandis*		二级	
岩鹨科	Prunellidae			
贺兰山岩鹨	*Prunella koslowi*		二级	
朱鹀科	Urocynchramidae			
朱鹀	*Urocynchramus pylzowi*		二级	
燕雀科	Fringillidae			
褐头朱雀	*Carpodacus sillemi*		二级	
藏雀	*Carpodacus roborowskii*		二级	
北朱雀	*Carpodacus roseus*		二级	
红交嘴雀	*Loxia curvirostra*		二级	
鹀科	Emberizidae			
蓝鹀	*Emberiza siemsseni*		二级	
栗斑腹鹀	*Emberiza jankowskii*	一级		
黄胸鹀	*Emberiza aureola*	一级		
藏鹀	*Emberiza koslowi*		二级	

（续上表）

中文名	学名	保护级别		备注
	爬行纲 REPTILIA			
龟鳖目	TESTUDINES			
平胸龟科 #	Platysternidae			
* 平胸龟	*Platysternon megacephalum*		二级	仅限野外种群
陆龟科 #	Testudinidae			
缅甸陆龟	*Indotestudo elongata*	一级		
凹甲陆龟	*Manouria impressa*	一级		
四爪陆龟	*Testudo horsfieldii*	一级		
地龟科	Geoemydidae			
* 欧氏摄龟	*Cyclemys oldhami*		二级	
* 黑颈乌龟	*Mauremys nigricans*		二级	仅限野外种群
* 乌龟	*Mauremys reevesii*		二级	仅限野外种群
* 花龟	*Mauremys sinensis*		二级	仅限野外种群
* 黄喉拟水龟	*Mauremys mutica*		二级	仅限野外种群
* 闭壳龟属所有种	*Cuora* spp.		二级	仅限野外种群
* 地龟	*Geoemyda spengleri*		二级	
* 眼斑水龟	*Sacalia bealei*		二级	仅限野外种群
* 四眼斑水龟	*Sacalia quadriocellata*		二级	仅限野外种群
海龟科 #	Cheloniidae			
* 红海龟	*Caretta caretta*	一级		原名“蠵龟”
* 绿海龟	*Chelonia mydas*	一级		
* 玳瑁	*Eretmochelys imbricata*	一级		
* 太平洋丽龟	*Lepidochelys olivacea*	一级		
棱皮龟科 #	Dermochelyidae			
* 棱皮龟	*Dermochelys coriacea*	一级		
鳖科	Trionychidae			
* 鼋	*Pelochelys cantorii*	一级		
* 山瑞鳖	*Palea steindachneri*		二级	仅限野外种群
* 斑鳖	*Rafetus swinhoei*	一级		
有鳞目	SQUAMATA			
壁虎科	Gekkonidae			
大壁虎	*Gekko gecko*		二级	
黑疣大壁虎	*Gekko reevesii*		二级	
球趾虎科	Sphaerodactylidae			
伊犁沙虎	*Teratoscincus scincus*		二级	
吐鲁番沙虎	*Teratoscincus roborowskii*		二级	

（续上表）

中文名	学名	保护级别		备注
睑虎科 #	Eublepharidae			
英德睑虎	*Goniurosaurus yingdeensis*		二级	
越南睑虎	*Goniurosaurus araneus*		二级	
霸王岭睑虎	*Goniurosaurus bawanglingensis*		二级	
海南睑虎	*Goniurosaurus hainanensis*		二级	
嘉道理睑虎	*Goniurosaurus kadoorieorum*		二级	
广西睑虎	*Goniurosaurus kwangsiensis*		二级	
荔波睑虎	*Goniurosaurus liboensis*		二级	
凭祥睑虎	*Goniurosaurus luii*		二级	
蒲氏睑虎	*Goniurosaurus zhelongi*		二级	
周氏睑虎	*Goniurosaurus zhoui*		二级	
鬣蜥科	Agamidae			
巴塘龙蜥	*Diploderma batangense*		二级	
短尾龙蜥	*Diploderma brevicandum*		二级	
侏龙蜥	*Diploderma drukdaypo*		二级	
滑腹龙蜥	*Diploderma laeviventre*		二级	
宜兰龙蜥	*Diploderma luei*		二级	
溪头龙蜥	*Diploderma makii*		二级	
帆背龙蜥	*Diploderma vela*		二级	
蜡皮蜥	*Leiolepis reevesii*		二级	
贵南沙蜥	*Phrynocephalus guinanensis*		二级	
大耳沙蜥	*Phrynocephalus mystaceus*	一级		
长鬣蜥	*Physignathus cocincinus*		二级	
蛇蜥科 #	Anguidae			
细脆蛇蜥	*Ophisaurus gracilis*		二级	
海南脆蛇蜥	*Ophisaurus hainanensis*		二级	
脆蛇蜥	*Ophisaurus harti*		二级	
鳄蜥科	Shinisauridae			
鳄蜥	*Shinisaurus crocodilurus*	一级		
巨蜥科 #	Varanidae			
孟加拉巨蜥	*Varanus bengalensis*	一级		
圆鼻巨蜥	*Varanus salvator*	一级		原名“巨蜥”
石龙子科	Scincidae			
桓仁滑蜥	*Scincella huanrenensis*		二级	
双足蜥科	Dibamidae			
香港双足蜥	*Dibamus bogadeki*		二级	

（续上表）

中文名	学名	保护级别		备注
盲蛇科	Typhlopidae			
香港盲蛇	*Indotyphlops lazelli*		二级	
筒蛇科	Cykindrophiidae			
红尾筒蛇	*Cylindrophis ruffus*		二级	
闪鳞蛇科	Xenopeltidae			
闪鳞蛇	*Xenopeltis unicolor*		二级	
蚺科 #	Boidae			
红沙蟒	*Eryx miliaris*		二级	
东方沙蟒	*Eryx tataricus*		二级	
蟒科 #	Pythonidae			
蟒蛇	*Python bivittatus*		二级	原名“蟒”
闪皮蛇科	Xenodermidae			
井冈山脊蛇	*Achalinus jinggangensis*		二级	
游蛇科	Colubridae			
三索蛇	*Coelognathus radiatus*		二级	
团花锦蛇	*Elaphe davidi*		二级	
横斑锦蛇	*Euprepiophis perlaceus*		二级	
尖喙蛇	*Rhynchophis boulengeri*		二级	
西藏温泉蛇	*Thermophis baileyi*	一级		
香格里拉温泉蛇	*Thermophis shangrila*	一级		
四川温泉蛇	*Thermophis zhaoermii*	一级		
黑网乌梢蛇	*Zaocys carinatus*		二级	
瘰鳞蛇科	Acrochordidae			
* 瘰鳞蛇	*Acrochordus granulatus*		二级	
眼镜蛇科	Elapidae			
眼镜王蛇	*Ophiophagus hannah*		二级	
* 蓝灰扁尾海蛇	*Laticauda colubrina*		二级	
* 扁尾海蛇	*Laticauda laticaudata*		二级	
* 半环扁尾海蛇	*Laticauda semifasciata*		二级	
* 龟头海蛇	*Emydocephalus ijimae*		二级	
* 青环海蛇	*Hydrophis cyanocinctus*		二级	
* 环纹海蛇	*Hydrophis fasciatus*		二级	
* 黑头海蛇	*Hydrophis melanocephalus*		二级	
* 淡灰海蛇	*Hydrophis ornatus*		二级	
* 棘眦海蛇	*Hydrophis peronii*		二级	
* 棘鳞海蛇	*Hydrophis stokesii*		二级	

（续上表）

中文名	学名	保护级别		备注
* 青灰海蛇	*Hydrophis caerulescens*		二级	
* 平颏海蛇	*Hydrophis curtus*		二级	
* 小头海蛇	*Hydrophis gracilis*		二级	
* 长吻海蛇	*Hydrophis platurus*		二级	
* 截吻海蛇	*Hydrophis jerdonii*		二级	
* 海蝰	*Hydrophis viperinus*		二级	
蝰科	Viperidae			
泰国圆斑蝰	*Daboia siamensis*		二级	
蛇岛蝮	*Gloydius shedaoensis*		二级	
角原矛头蝮	*Protobothrops cornutus*		二级	
莽山烙铁头蛇	*Protobothrops mangshanensis*	一级		
极北蝰	*Vipera berus*		二级	
东方蝰	*Vipera renardi*		二级	
鳄目	CROCODYLIA			
鼍科 #	Alligatoridae			
* 扬子鳄	*Alligator sinensis*	一级		
两栖纲 AMPHIBIA				
蚓螈目	GYMNOPHIONA			
鱼螈科	Ichthyophiidae			
版纳鱼螈	*Ichthyophis bannanicus*		二级	
有尾目	CAUDATA			
小鲵科 #	Hynobiidae			
* 安吉小鲵	*Hynobius amjiensis*	一级		
* 中国小鲵	*Hynobius chinensis*	一级		
* 挂榜山小鲵	*Hynobius guabangshanensis*	一级		
* 猫儿山小鲵	*Hynobius maoershansis*	一级		
* 普雄原鲵	*Protohynobius puxiongensis*	一级		
* 辽宁爪鲵	*Onychodactylus zhaoermii*	一级		
* 吉林爪鲵	*Onychodactylus zhangyapingi*		二级	
* 新疆北鲵	*Ranodon sibiricus*		二级	
* 极北鲵	*Salamandrella keyserlingii*		二级	
* 巫山巴鲵	*Liua shihi*		二级	
* 秦巴巴鲵	*Liua tsinpaensis*		二级	
* 黄斑拟小鲵	*Pseudohynobius flavomaculatus*		二级	
* 贵州拟小鲵	*Pseudohynobius guizhouensis*		二级	
* 金佛拟小鲵	*Pseudohynobius jinfo*		二级	

（续上表）

中文名	学名	保护级别		备注
* 宽阔水拟小鲵	*Pseudohynobius kuankuoshuiensis*		二级	
* 水城拟小鲵	*Pseudohynobius shuichengensis*		二级	
* 弱唇褶山溪鲵	*Batrachuperus cochranae*		二级	
* 无斑山溪鲵	*Batrachuperus karlschmidti*		二级	
* 龙洞山溪鲵	*Batrachuperus londongensis*		二级	
* 山溪鲵	*Batrachuperus pinchonii*		二级	
* 西藏山溪鲵	*Batrachuperus tibetanus*		二级	
* 盐源山溪鲵	*Batrachuperus yenyuanensis*		二级	
* 阿里山小鲵	*Hynobius arisanensis*		二级	
* 台湾小鲵	*Hynobius formosanus*		二级	
* 观雾小鲵	*Hynobius fuca*		二级	
* 南湖小鲵	*Hynobius glacialis*		二级	
* 东北小鲵	*Hynobius leechii*		二级	
* 楚南小鲵	*Hynobius sonani*		二级	
* 义乌小鲵	*Hynobius yiwuensis*		二级	
隐鳃鲵科	Cryptobranchidae			
* 大鲵	*Andrias davidianus*		二级	仅限野外种群
蝾螈科	Salamandroidae			
* 潮汕蝾螈	*Cynops orphicus*		二级	
* 大凉螈	*Liangshantriton taliangensis*		二级	原名“大凉疣螈”
* 贵州疣螈	*Tylototriton kweichowensis*		二级	
* 川南疣螈	*Tylototriton pseudoverrucosus*		二级	
* 丽色疣螈	*Tylototriton pulcherrima*		二级	
* 红瘰疣螈	*Tylototriton shanjing*		二级	
* 棕黑疣螈	*Tylototriton verrucosus*		二级	原名“细瘰疣螈”
* 滇南疣螈	*Tylototriton yangi*		二级	
* 安徽瑶螈	*Yaotriton anhuiensis*		二级	
* 细痣瑶螈	*Yaotriton asperrimus*		二级	原名“细痣疣螈”
* 宽脊瑶螈	*Yaotriton broadoridgus*		二级	
* 大别瑶螈	*Yaotriton dabienicus*		二级	
* 海南瑶螈	*Yaotriton hainanensis*		二级	
* 浏阳瑶螈	*Yaotriton liuyangensis*		二级	
* 莽山瑶螈	*Yaotriton lizhenchangi*		二级	
* 文县瑶螈	*Yaotriton wenxianensis*		二级	
* 蔡氏瑶螈	*Yaotriton ziegleri*		二级	
* 镇海棘螈	*Echinotriton chinhaiensis*	一级		原名“镇海疣螈”

（续上表）

中文名	学名	保护级别		备注
* 琉球棘螈	*Echinotriton andersoni*		二级	
* 高山棘螈	*Echinotriton maxiquadratus*		二级	
* 橙脊瘰螈	*Paramesotriton aurantius*		二级	
* 尾斑瘰螈	*Paramesotriton caudopunctatus*		二级	
* 中国瘰螈	*Paramesotriton chinensis*		二级	
* 越南瘰螈	*Paramesotriton deloustali*		二级	
* 富钟瘰螈	*Paramesotriton fuzhongensis*		二级	
* 广西瘰螈	*Paramesotriton guangxiensis*		二级	
* 香港瘰螈	*Paramesotriton hongkongensis*		二级	
* 无斑瘰螈	*Paramesotriton labiatus*		二级	
* 龙里瘰螈	*Paramesotriton longliensis*		二级	
* 茂兰瘰螈	*Paramesotriton maolanensis*		二级	
* 七溪岭瘰螈	*Paramesotriton qixilingensis*		二级	
* 武陵瘰螈	*Paramesotriton wulingensis*		二级	
* 云雾瘰螈	*Paramesotriton yunwuensis*		二级	
* 织金瘰螈	*Paramesotriton zhijinensis*		二级	
无尾目	ANURA			
角蟾科	Megophryidae			
抱龙角蟾	*Boulenophrys baolongensis*		二级	
凉北齿蟾	*Oreolalax liangbeiensis*		二级	
金顶齿突蟾	*Scutiger chintingensis*		二级	
九龙齿突蟾	*Scutiger jiulongensis*		二级	
木里齿突蟾	*Scutiger muliensis*		二级	
宁陕齿突蟾	*Scutiger ningshanensis*		二级	
平武齿突蟾	*Scutiger pingwuensis*		二级	
哀牢髭蟾	*Vibrissaphora ailaonica*		二级	
峨眉髭蟾	*Vibrissaphora boringii*		二级	
雷山髭蟾	*Vibrissaphora leishanensis*		二级	
原髭蟾	*Vibrissaphora promustache*		二级	
南澳岛角蟾	*Xenophrys insularis*		二级	
水城角蟾	*Xenophrys shuichengensis*		二级	
蟾蜍科	Bufonidae			
史氏蟾蜍	*Bufo stejnegeri*		二级	
鳞皮小蟾	*Parapelophryne scalpta*		二级	
乐东蟾蜍	*Qiongbufo ledongensis*		二级	
无棘溪蟾	*Bufo aspinius*		二级	

（续上表）

中文名	学名	保护级别		备注
叉舌蛙科	Dicroglossidae			
* 虎纹蛙	*Hoplobatrachus chinensis*		二级	仅限野外种群
* 脆皮大头蛙	*Limnonectes fragilis*		二级	
* 叶氏肛刺蛙	*Yerana yei*		二级	
蛙科	Ranidae			
* 海南湍蛙	*Amolops hainanensis*		二级	
* 香港湍蛙	*Amolops hongkongensis*		二级	
* 小腺蛙	*Glandirana minima*		二级	
* 务川臭蛙	*Odorrana wuchuanensis*		二级	
树蛙科	Rhacophoridae			
巫溪树蛙	*Rhacophorus hongchibaensis*		二级	
老山树蛙	*Rhacophorus laoshan*		二级	
罗默刘树蛙	*Liuixalus romeri*		二级	
洪佛树蛙	*Rhacophorus hungfuensis*		二级	
文昌鱼纲 AMPHIOXI				
文昌鱼目	AMPHIOXIFORMES			
文昌鱼科 #	Branchiostomatidae			
* 厦门文昌鱼	*Branchiostoma belcheri*		二级	仅限野外种群。原名“文昌鱼”
* 青岛文昌鱼	*Branchiostoma tsingdauense*		二级	仅限野外种群
圆口纲 CYCLOSTOMATA				
七鳃鳗目	PETROMYZONTIFORMES			
七鳃鳗科 #	Petromyzontidae			
* 日本七鳃鳗	*Lampetra japonica*		二级	
* 东北七鳃鳗	*Lampetra morii*		二级	
* 雷氏七鳃鳗	*Lampetra reissneri*		二级	
软骨鱼纲 CHONDRICHTHYES				
鼠鲨目	LAMNIFORMES			
姥鲨科	Cetorhinidae			
* 姥鲨	*Cetorhinus maximus*		二级	
鼠鲨科	Lamnidae			
* 噬人鲨	*Carcharodon carcharias*		二级	
须鲨目	ORECTOLOBIFORMES			
鲸鲨科	Rhincodontidae			
* 鲸鲨	*Rhincodon typus*		二级	
鲼目	MYLIOBATIFORMES			
魟科	Dasyatidae			

（续上表）

中文名	学名	保护级别		备注
* 黄魟	*Dasyatis bennettii*		二级	仅限陆封种群
硬骨鱼纲 OSTEICHTHYES				
鲟形目 #	ACIPENSERIFORMES			
鲟科	Acipenseridae			
* 中华鲟	*Acipenser sinensis*	一级		
* 长江鲟	*Acipenser dabryanus*	一级		原名“达氏鲟”
* 鳇	*Huso dauricus*	一级		仅限野外种群
* 西伯利亚鲟	*Acipenser baerii*		二级	仅限野外种群
* 裸腹鲟	*Acipenser nudiventris*		二级	仅限野外种群
* 小体鲟	*Acipenser ruthenus*		二级	仅限野外种群
* 施氏鲟	*Acipenser schrenckii*		二级	仅限野外种群
匙吻鲟科	Polyodontidae			
* 白鲟	*Psephurus gladius*	一级		
鳗鲡目	ANGUILLIFORMES			
鳗鲡科	Anguillidae			
* 花鳗鲡	*Anguilla marmorata*		二级	
鲱形目	CLUPEIFORMES			
鲱科	Clupeidae			
* 鲥	*Tenualosa reevesii*	一级		
鲤形目	CYPRINIFORMES			
双孔鱼科	Gyrinocheilidae			
* 双孔鱼	*Gyrinocheilus aymonieri*		二级	仅限野外种群
裸吻鱼科	Psilorhynchidae			
* 平鳍裸吻鱼	*Psilorhynchus homaloptera*		二级	
亚口鱼科	Catostomidae			原名“胭脂鱼科”
* 胭脂鱼	*Myxocyprinus asiaticus*		二级	仅限野外种群
鲤科	Cyprinidae			
* 唐鱼	*Tanichthys albonubes*		二级	仅限野外种群
* 稀有鮈鲫	*Gobiocypris rarus*		二级	仅限野外种群
* 鯮	*Luciobrama macrocephalus*		二级	
* 多鳞白鱼	*Anabarilius polylepis*		二级	
* 山白鱼	*Anabarilius transmontanus*		二级	
* 北方铜鱼	*Coreius septentrionalis*	一级		
* 圆口铜鱼	*Coreius guichenoti*		二级	仅限野外种群
* 大鼻吻鮈	*Rhinogobio nasutus*		二级	
* 长鳍吻鮈	*Rhinogobio ventralis*		二级	
* 平鳍鳅鮀	*Gobiobotia homalopteroidea*		二级	

（续上表）

中文名	学名	保护级别		备注
* 单纹似鳡	*Luciocyprinus langsoni*		二级	
* 金线鲃属所有种	*Sinocyclocheilus* spp.		二级	
* 四川白甲鱼	*Onychostoma angustistomata*		二级	
* 多鳞白甲鱼	*Onychostoma macrolepis*		二级	仅限野外种群
* 金沙鲈鲤	*Percocypris pingi*		二级	仅限野外种群
* 花鲈鲤	*Percocypris regani*		二级	仅限野外种群
* 后背鲈鲤	*Percocypris retrodorslis*		二级	仅限野外种群
* 张氏鲈鲤	*Percocypris tchangi*		二级	仅限野外种群
* 裸腹盲鲃	*Typhlobarbus nudiventris*		二级	
* 角鱼	*Akrokolioplax bicornis*		二级	
* 骨唇黄河鱼	*Chuanchia labiosa*		二级	
* 极边扁咽齿鱼	*Platypharodon extremus*		二级	仅限野外种群
* 细鳞裂腹鱼	*Schizothorax chongi*		二级	仅限野外种群
* 巨须裂腹鱼	*Schizothorax macropogon*		二级	
* 重口裂腹鱼	*Schizothorax davidi*		二级	仅限野外种群
* 拉萨裂腹鱼	*Schizothorax waltoni*		二级	仅限野外种群
* 塔里木裂腹鱼	*Schizothorax biddulphi*		二级	仅限野外种群
* 大理裂腹鱼	*Schizothorax taliensis*		二级	仅限野外种群
* 扁吻鱼	*Aspiorhynchus laticeps*	一级		原名“新疆大头鱼”
* 厚唇裸重唇鱼	*Gymnodiptychus pachycheilus*		二级	仅限野外种群
* 斑重唇鱼	*Diptychus maculatus*		二级	
* 尖裸鲤	*Oxygymnocypris stewartii*		二级	仅限野外种群
* 大头鲤	*Cyprinus pellegrini*		二级	仅限野外种群
* 小鲤	*Cyprinus micristius*		二级	
* 抚仙鲤	*Cyprinus fuxianensis*		二级	
* 岩原鲤	*Procypris rabaudi*		二级	仅限野外种群
* 乌原鲤	*Procypris merus*		二级	
* 大鳞鲢	*Hypophthalmichthys harmandi*		二级	
鳅科	Cobitidae			
* 红唇薄鳅	*Leptobotia rubrilabris*		二级	仅限野外种群
* 黄线薄鳅	*Leptobotia flavolineata*		二级	
* 长薄鳅	*Leptobotia elongata*		二级	仅限野外种群
条鳅科	Nemacheilidae			
* 无眼岭鳅	*Oreonectes anophthalmus*		二级	
* 拟鲇高原鳅	*Triplophysa siluroides*		二级	仅限野外种群
* 湘西盲高原鳅	*Triplophysa xiangxiensis*		二级	

（续上表）

中文名	学名	保护级别		备注
* 小头高原鳅	*Triphophysa minuta*		二级	
爬鳅科	Balitoridae			
* 厚唇原吸鳅	*Protomyzon pachychilus*		二级	
鲇形目	SILURIFORMES			
鲿科	Bagridae			
* 斑鳠	*Hemibagrus guttatus*		二级	仅限野外种群
鲇科	Siluridae			
* 昆明鲇	*Silurus mento*		二级	
鲢科	Pangasiidae			
* 长丝鲢	*Pangasius sanitwangsei*	一级		
钝头鮠科	Amblycipitidae			
* 金氏鉠	*Liobagrus kingi*		二级	
鮡科	Sisoridae			
* 长丝黑鮡	*Gagata dolichonema*		二级	
* 青石爬鮡	*Euchiloglanis davidi*		二级	
* 黑斑原鮡	*Glyptosternum maculatum*		二级	
* 魾	*Bagarius bagarius*		二级	
* 红魾	*Bagarius rutilus*		二级	
* 巨魾	*Bagarius yarrelli*		二级	
鲑形目	SALMONIFORMES			
鲑科	Salmonidae			
* 细鳞鲑属所有种	*Brachymystax* spp.		二级	仅限野外种群
* 川陕哲罗鲑	*Hucho bleekeri*	一级		
* 哲罗鲑	*Hucho taimen*		二级	仅限野外种群
* 石川氏哲罗鲑	*Hucho ishikawai*		二级	
* 花羔红点鲑	*Salvelinus malma*		二级	仅限野外种群
* 马苏大马哈鱼	*Oncorhynchus masou*		二级	
* 北鲑	*Stenodus leucichthys*		二级	
* 北极茴鱼	*Thymallus arcticus*		二级	仅限野外种群
* 下游黑龙江茴鱼	*Thymallus tugarinae*		二级	仅限野外种群
* 鸭绿江茴鱼	*Thymallus yaluensis*		二级	仅限野外种群
海龙鱼目	SYNGNATHIFORMES			
海龙鱼科	Syngnathidae			
* 海马属所有种	*Hippocampus* spp.		二级	仅限野外种群
鲈形目	PERCIFORMES			
石首鱼科	Sciaenidae			
* 黄唇鱼	*Bahaba taipingensis*	一级		

（续上表）

中文名	学名	保护级别		备注
隆头鱼科	Labridae			
* 波纹唇鱼	*Cheilinus undulatus*		二级	仅限野外种群
鲉形目	SCORPAENIFORMES			
杜父鱼科	Cottidae			
* 松江鲈	*Trachidermus fasciatus*		二级	仅限野外种群。原名“松江鲈鱼”
半索动物门 HEMICHORDATA				
肠鳃纲　ENTEROPNEUSTA				
柱头虫目	BALANOGLOSSIDA			
殖翼柱头虫科	Ptychoderidae			
* 多鳃孔舌形虫	*Glossobalanus polybranchioporus*	一级		
* 三崎柱头虫	*Balanoglossus misakiensis*		二级	
* 短殖舌形虫	*Glossobalanus mortenseni*		二级	
* 肉质柱头虫	*Balanoglossus carnosus*		二级	
* 黄殖翼柱头虫	*Ptychodera flava*		二级	
史氏柱头虫科	Spengeliidae			
* 青岛橡头虫	*Glandiceps qingdaoensis*		二级	
玉钩虫科	Harrimaniidae			
* 黄岛长吻虫	*Saccoglossus hwangtauensis*	一级		
节肢动物门 ARTHROPODA				
昆虫纲 INSECTA				
双尾目	DIPLURA			
铗虮科	Japygidae			
伟铗虮	*Atlasjapyx atlas*		二级	
䗛目	PHASMATODEA			
叶䗛科 #	Phyllidae			
丽叶䗛	*Phyllium pulchrifolium*		二级	
中华叶䗛	*Phyllium sinensis*		二级	
泛叶䗛	*Phyllium celebicum*		二级	
翔叶䗛	*Phyllium westwoodi*		二级	
东方叶䗛	*Phyllium siccifolium*		二级	
独龙叶䗛	*Phyllium drunganum*		二级	
同叶䗛	*Phyllium parum*		二级	
滇叶䗛	*Phyllium yunnanense*		二级	
藏叶䗛	*Phyllium tibetense*		二级	
珍叶䗛	*Phyllium rarum*		二级	

（续上表）

中文名	学名	保护级别		备注
蜻蜓目	ODONATA			
箭蜓科	Gomphidae			
扭尾曦春蜓	*Heliogomphus retroflexus*		二级	原名“尖板曦箭蜓”
棘角蛇纹春蜓	*Ophiogomphus spinicornis*		二级	原名“宽纹北箭蜓”
缺翅目	ZORAPTERA			
缺翅虫科	Zorotypidae			
中华缺翅虫	*Zorotypus sinensis*		二级	
墨脱缺翅虫	*Zorotypus medoensis*		二级	
蛩蠊目	GRYLLOBLATTODAE			
蛩蠊科	Grylloblattidae			
中华蛩蠊	*Galloisiana sinensis*	一级		
陈氏西蛩蠊	*Grylloblattella cheni*	一级		
脉翅目	NEUROPTERA			
旌蛉科	Nemopteridae			
中华旌蛉	*Nemopistha sinica*		二级	
鞘翅目	COLEOPTERA			
步甲科	Carabidae			
拉步甲	*Carabus lafossei*		二级	
细胸大步甲	*Carabus osawai*		二级	
巫山大步甲	*Carabus ishizukai*		二级	
库班大步甲	*Carabus kubani*		二级	
桂北大步甲	*Carabus guibeicus*		二级	
贞大步甲	*Carabus penelope*		二级	
蓝鞘大步甲	*Carabus cyaneogigas*		二级	
滇川大步甲	*Carabus yunanensis*		二级	
硕步甲	*Carabus davidi*		二级	
两栖甲科	Amphizoidae			
中华两栖甲	*Amphizoa sinica*		二级	
长阎甲科	Synteliidae			
中华长阎甲	*Syntelia sinica*		二级	
大卫长阎甲	*Syntelia davidis*		二级	
玛氏长阎甲	*Syntelia mazuri*		二级	
臂金龟科	Euchiridae			
戴氏棕臂金龟	*Propomacrus davidi*		二级	
玛氏棕臂金龟	*Propomacrus muramotoae*		二级	

（续上表）

中文名	学名	保护级别		备注
越南臂金龟	*Cheirotonus battareli*		二级	
福氏彩臂金龟	*Cheirotonus fujiokai*		二级	
格彩臂金龟	*Cheirotonus gestroi*		二级	
台湾长臂金龟	*Cheirotonus formosanus*		二级	
阳彩臂金龟	*Cheirotonus jansoni*		二级	
印度长臂金龟	*Cheirotonus macleayii*		二级	
昭沼氏长臂金龟	*Cheirotonus terunumai*		二级	
金龟科	Scarabaeidae			
艾氏泽蜣螂	*Scarabaeus erichsoni*		二级	
拜氏蜣螂	*Scarabaeus babori*		二级	
悍马巨蜣螂	*Heliocopris bucephalus*		二级	
上帝巨蜣螂	*Heliocopris dominus*		二级	
迈达斯巨蜣螂	*Heliocopris midas*		二级	
犀金龟科	Dynastidae			
戴叉犀金龟	*Trypoxylus davidis*		二级	原名“叉犀金龟”
粗尤犀金龟	*Eupatorus hardwickii*		二级	
细角尤犀金龟	*Eupatorus gracilicornis*		二级	
胫晓扁犀金龟	*Eophileurus tetraspermexitus*		二级	
锹甲科	*Lucanidae*			
安达刀锹甲	*Dorcus antaeus*		二级	
巨叉深山锹甲	*Lucanus hermani*		二级	
鳞翅目	LEPIDOPTERA			
凤蝶科	Papilionidae			
喙凤蝶	*Teinopalpus imperialism*		二级	
金斑喙凤蝶	*Teinopalpus aureus*	一级		
裳凤蝶	*Troides helena*		二级	
金裳凤蝶	*Troides aeacus*		二级	
荧光裳凤蝶	*Troides magellanus*		二级	
鸟翼裳凤蝶	*Troides amphrysus*		二级	
珂裳凤蝶	*Troides criton*		二级	
楔纹裳凤蝶	*Troides cuneifera*		二级	
小斑裳凤蝶	*Troides haliphron*		二级	
多尾凤蝶	*Bhutanitis lidderdalii*		二级	
不丹尾凤蝶	*Bhutanitis ludlowi*		二级	
双尾凤蝶	*Bhutanitis mansfieldi*		二级	
玄裳尾凤蝶	*Bhutanitis nigrilima*		二级	

（续上表）

中文名	学名	保护级别		备注
三尾凤蝶	*Bhutanitis thaidina*		二级	
玉龙尾凤蝶	*Bhutanitis yulongensisn*		二级	
丽斑尾凤蝶	*Bhutanitis pulchristriata*		二级	
锤尾凤蝶	*Losaria coon*		二级	
中华虎凤蝶	*Luehdorfia chinensis*		二级	
蛱蝶科	Nymphalidae			
最美紫蛱蝶	*Sasakia pulcherrima*		二级	
黑紫蛱蝶	*Sasakia funebris*		二级	
绢蝶科	Parnassidae			
阿波罗绢蝶	*Parnassius apollo*		二级	
君主娟蝶	*Parnassius imperator*		二级	
灰蝶科	Lycaenidae			
大斑霾灰蝶	*Maculinea arionides*		二级	
秀山白灰蝶	*Phengaris xiushani*		二级	
蛛形纲 ARACHNIDA				
蜘蛛目	ARANEAE			
捕鸟蛛科	Theraphosidae			
海南塞勒蛛	*Cyriopagopus hainanus*		二级	
肢口纲 MEROSTOMATA				
剑尾目	XIPHOSURA			
鲎科 #	Tachypleidae			
* 中国鲎	*Tachypleus tridentatus*		二级	
* 圆尾蝎鲎	*Carcinoscorpius rotundicauda*		二级	
软甲纲 MALACOSTRACA				
十足目	DECAPODA			
龙虾科	Palinuridae			
* 锦绣龙虾	*Panulirus ornatus*		二级	仅限野外种群
软体动物门 MOLLUSCA				
双壳纲 BIVALVIA				
珍珠贝目	PTERIOIDA			
珍珠贝科	Pteriidae			
* 大珠母贝	*Pinctada maxima*		二级	仅限野外种群
帘蛤目	VENEROIDA			
砗磲科 #	Tridacnidae			
* 大砗磲	*Tridacna gigas*	一级		原名“库氏砗磲”
* 无鳞砗磲	*Tridacna derasa*		二级	仅限野外种群

（续上表）

中文名	学名	保护级别		备注
* 鳞砗磲	*Tridacna squamosa*		二级	仅限野外种群
* 长砗磲	*Tridacna maxima*		二级	仅限野外种群
* 番红砗磲	*Tridacna crocea*		二级	仅限野外种群
* 砗蚝	*Hippopus hippopus*		二级	仅限野外种群
蚌目	UNIONIDA			
珍珠蚌科	Margaritanidae			
* 珠母珍珠蚌	*Margarritiana dahurica*		二级	仅限野外种群
蚌科	Unionidae			
* 佛耳丽蚌	*Lamprotula mansuyi*		二级	
* 绢丝丽蚌	*Lamprotula fibrosa*		二级	
* 背瘤丽蚌	*Lamprotula leai*		二级	
* 多瘤丽蚌	*Lamprotula polysticta*		二级	
* 刻裂丽蚌	*Lamprotula scripta*		二级	
截蛏科	Solecurtidae			
* 中国淡水蛏	*Novaculina chinensis*		二级	
* 龙骨蛏蚌	*Solenaia carinatus*		二级	
头足纲 CEPHALOPODA				
鹦鹉螺目	NAUTILIDA			
鹦鹉螺科	Nautilidae			
* 鹦鹉螺	*Nautilus pompilius*	一级		
腹足纲 GASTROPODA				
田螺科	Viviparidae			
* 螺蛳	*Margarya melanioides*		二级	
蝾螺科	Turbinidae			
* 夜光蝾螺	*Turbo marmoratus*		二级	
宝贝科	Cypraeidae			
* 虎斑宝贝	*Cypraea tigris*		二级	
冠螺科	Cassididae			
* 唐冠螺	*Cassis cornuta*		二级	原名“冠螺”
法螺科	Charoniidae			
* 法螺	*Charonia tritonis*		二级	
刺胞动物门 CNIDARIA				
珊瑚纲 ANTHOZOA				
角珊瑚目 #	ANTIPATHARIA			
* 角珊瑚目所有种	*ANTIPATHARIA* spp.		二级	

（续上表）

中文名	学名	保护级别		备注
石珊瑚目 #	SCLERACTINIA			
* 石珊瑚目所有种	*SCLERACTINIA* spp.		二级	
苍珊瑚目	HELIOPORACEA			
苍珊瑚科 #	Helioporidae			
* 苍珊瑚科所有种	*Helioporidae* spp.		二级	
软珊瑚目	ALCYONACEA			
笙珊瑚科 #	Tubiporidae			
* 笙珊瑚	*Tubipora musica*		二级	
红珊瑚科 #	Coralliidae			
* 红珊瑚科所有种	*Coralliidae* spp.	一级		
竹节柳珊瑚科	Isididae			
* 粗糙竹节柳珊瑚	*Isis hippuris*		二级	
* 细枝竹节柳珊瑚	*Isis minorbrachyblasta*		二级	
* 网枝竹节柳珊瑚	*Isis reticulata*		二级	
水螅纲 HYDROZOA				
花裸螅目	ANTHOATHECATA			
多孔螅科 #	Milleporidae			
* 分叉多孔螅	*Millepora dichotoma*		二级	
* 节块多孔螅	*Millepora exaesa*		二级	
* 窝形多孔螅	*Millepora foveolata*		二级	
* 错综多孔螅	*Millepora intricata*		二级	
* 阔叶多孔螅	*Millepora latifolia*		二级	
* 扁叶多孔螅	*Millepora platyphylla*		二级	
* 娇嫩多孔螅	*Millepora tenera*		二级	
柱星螅科 #	Stylasteridae			
* 无序双孔螅	*Distichopora irregularis*		二级	
* 紫色双孔螅	*Distichopora violacea*		二级	
* 佳丽刺柱螅	*Errina dabneyi*		二级	
* 扇形柱星螅	*Stylaster flabelliformis*		二级	
* 细巧柱星螅	*Stylaster gracilis*		二级	
* 佳丽柱星螅	*Stylaster pulcher*		二级	
* 艳红柱星螅	*Stylaster sanguineus*		二级	
* 粗糙柱星螅	*Stylaster scabiosus*		二级	

注：1. 标“*”者，由渔业行政主管部门主管；未标“*”者，由林业和草原主管部门主管；

2. 标“#”者，代表该分类单元所有种均列入名录。

广东省重点保护陆生野生动物名录

序号	中文名	学名	备注
脊索动物门 CHORDATA			
哺乳纲 MAMMALA			
	翼手目	CHIROPTERA	
	假吸血蝠科	Megadermatidae	
1	印度假吸血蝠	*Megaderma lyra*	
	菊头蝠科	Rhinolophidae	
2	贵州菊头蝠	*Rhinolophus rex*	
3	大菊头蝠	*Rhinolophus luctus*	
	蝙蝠科	Vespertilionidae	
4	彩蝠	*Kerivoula picta*	
	食肉目	CARNIVORA	
	獴科	Herpestidae	
5	红颊獴	*Herpestes javanicus*	
6	食蟹獴	*Herpestes urva*	
	鹿科	Cervidae	
7	赤麂	*Muntiacus vaginalis*	
8	小麂	*Muntiacus reevesi*	
	啮齿目	RODENTIA	
	松鼠科	Sciuridae	
9	红背鼯鼠	*Petaurista petaurista*	原名“棕鼯鼠”
	豪猪科	Hystricidae	
10	中国豪猪	*Hystrix hodgsoni*	原名“豪猪”
鸟纲 AVES			
	雁形目	ANSERIFORMES	
	鸭科	Anatidae	
1	豆雁	*Anser fabalis*	
2	灰雁	*Anser anser*	
3	罗纹鸭	*Mareca falcata*	
4	白眼潜鸭	*Aythya nyroca*	
5	长尾鸭	*Clangula hyemalis*	
6	普通秋沙鸭	*Mergus merganser*	
7	红胸秋沙鸭	*Mergus serrator*	
	䴙䴘目	PODICIPEDIFORMES	
	䴙䴘科	Podicipedidae	
8	凤头䴙䴘	*Podiceps cristatus*	
	夜鹰目	CAPRIMULGIFORMES	

（续上表）

序号	中文名	学名	备注
	雨燕科	Apodidae	
9	短嘴金丝燕	*Aerodramus brevirostris*	
	鹃形目	CUCULIFORMES	
	杜鹃科	Cuculidae	
10	紫金鹃	*Chrysococcyx xanthorhynchus*	
11	棕腹鹰鹃	*Hierococcyx nisicolor*	原名“棕腹杜鹃”
	鹤形目	GRUIFORMES	
	秧鸡科	Rallidae	
12	白喉斑秧鸡	*Rallina eurizonoides*	
13	红胸田鸡	*Zapornia fusca*	
14	董鸡	*Gallicrex cinerea*	
15	黑水鸡	*Gallinula chloropus*	
	鸻形目	CHARADRIIFORMES	
	蛎鹬科	Haematopodidae	
16	蛎鹬	*Haematopus ostralegus*	
	反嘴鹬科	Recurvirostridae	
17	黑翅长脚鹬	*Himantopus himantopus*	
18	反嘴鹬	*Recurvirostra avosetta*	
	鸻科	Charadriidae	
19	长嘴剑鸻	*Charadrius placidus*	
	鹬科	Scolopacidae	
20	斑尾塍鹬	*Limosa lapponica*	
21	中杓鹬	*Numenius phaeopus*	
22	红腹滨鹬	*Calidris canutus*	
	鸥科	Laridae	
23	三趾鸥	*Rissa tridactyla*	
24	细嘴鸥	*Chroicocephalus genei*	
25	渔鸥	*Ichthyaetus ichthyaetus*	
26	红嘴鸥	*Larus ridibundu*	
27	黑尾鸥	*Larus crassirostris*	
28	普通海鸥	*Larus canus*	
29	灰翅鸥	*Larus glaucescens*	
30	小黑背银鸥	*Larus fuscus*	
31	西伯利亚银鸥	*Larus smithsonianus*	
32	灰背鸥	*Larus schistisagus*	
33	鸥嘴噪鸥	*Gelochelidon nilotica*	
34	红嘴巨燕鸥	*Hydroprogne caspia*	
35	白额燕鸥	*Sternula albifrons*	

（续上表）

序号	中文名	学名	备注
36	白腰燕鸥	*Onychoprion aleuticus*	
37	褐翅燕鸥	*Onychoprion anaethetus*	
38	粉红燕鸥	*Sterna dougallii*	
39	黑枕燕鸥	*Sterna sumatrana*	
40	普通燕鸥	*Sterna hirundo*	
41	灰翅浮鸥	*Chlidonias hybrida*	
42	白翅浮鸥	*Chlidonias leucopterus*	
	贼鸥科	Stercorariidae	
43	中贼鸥	*Stercorarius pomarinus*	
44	短尾贼鸥	*Stercorarius parasiticus*	
45	长尾贼鸥	*Stercorarius longicaudus*	
	海雀科	Alcidae	
46	扁嘴海雀	*Synthliboramphus antiquus*	
47	长嘴斑海雀	*Brachyramphus perdix*	
	潜鸟目	GAVIIFORMES	
	潜鸟科	Gaviidae	
48	红喉潜鸟	*Gavia stellata*	
	鹱形目	PROCELLARIIFORMES	
	海燕科	Hydrobatidae	
49	黑叉尾海燕	*Hydrobates monorhis*	
	鹈形目	PELECANIFORMES	
	鹭科	Ardeidae	
50	大麻鳽	*Botaurus stellaris*	
51	黄斑苇鳽	*Ixobrychus sinensis*	
52	紫背苇鳽	*Ixobrychus eurhythmus*	
53	栗苇鳽	*Ixobrychus cinnamomeus*	
54	黑苇鳽	*Ixobrychus flavicollis*	
55	绿鹭	*Butorides striata*	
56	夜鹭	*Nycticorax nycticorax*	
57	池鹭	*Ardeola bacchus*	
58	牛背鹭	*Bubulcus ibis*	
59	苍鹭	*Ardea cinerea*	
60	草鹭	*Ardea purpurea*	
61	大白鹭	*Ardea alba*	
62	中白鹭	*Ardea intermedia*	
63	白鹭	*Egretta garzetta*	
	佛法僧目	CORACIIFORMES	
	佛法僧科	Coraciidae	

（续上表）

序号	中文名	学名	备注
64	三宝鸟	*Eurystomus orientalis*	
	翠鸟科	*Alcedinidae*	
65	蓝翡翠	*Halcyon pileata*	
66	冠鱼狗	*Megaceryle lugubris*	
67	斑鱼狗	*Ceryle rudis*	
	啄木鸟目	PICIFORMES	
	拟啄木鸟科	Capitonidae	
68	黄纹拟啄木鸟	*Psilopogon faiostrictus*	
	啄木鸟科	Picedae	广东分布的啄木鸟科所有种（蚁䴕和国家重点除外）
69	斑姬啄木鸟	*Picumnus innominatus*	
70	白眉棕啄木鸟	*Sasia ochracea*	
71	星头啄木鸟	*Dendrocopos canicapillus*	
72	大斑啄木鸟	*Dendrocopos major*	
73	栗啄木鸟	*Micropternus brachyurus*	
74	灰头绿啄木鸟	*Picus canus*	
75	竹啄木鸟	*Gecinulus grantia*	
76	黄嘴栗啄木鸟	*Blythipicus pyrrhotis*	
	雀形目	PASSERIFORMES	
	王鹟科	Monarchindae	
77	寿带	*Terpsiphone incei*	
78	紫寿带	*Terpsiphone atrocaudata*	
	伯劳科	Laniidae	
79	牛头伯劳	*Lanius bucephalus*	
80	栗背伯劳	*Lanius collurioides*	
	鸦科	Corvidae	
81	白颈鸦	*Corvus pectoralis*	
	山雀科	Paridae	
82	杂色山雀	*Sittiparus varius*	
	百灵科	Alaudidae	
83	小云雀	*Alauda gulgula*	
	蝗莺科	Locustellidae	
84	矛斑蝗莺	*Locustella lanceolata*	
85	东亚蝗莺	*Locustella pleskei*	
	幽鹛科	Pellorneidae	
86	中华草鹛	*Graminicola striatus*	
	莺鹛科	Sylviidae	
87	金色鸦雀	*Suthora verreauxi*	

（续上表）

序号	中文名	学名	备注
	鸫科	Turdidae	
88	白眉地鸫	*Geokichla sibirica*	
89	黑胸鸫	*Turdus dissimilis*	
90	赤胸鸫	*Turdus chrysolaus*	
	鹟科	Muscicapidae	
91	日本歌鸲	*Larvivora akahige*	
92	绿背姬鹟	*Ficedula elisae*	
93	海南蓝仙鹟	*Cyornis hainanus*	
	燕雀科	Fringillidae	
94	黑尾蜡嘴雀	*Eophona migratoria*	
95	黑头蜡嘴雀	*Eophona personata*	
	鹀科	Emberizidae	广东分布的鹀科所有种（国家重点除外）
96	凤头鹀	*Melophus lathami*	
97	三道眉草鹀	*Emberiza cioides*	
98	白眉鹀	*Emberiza tristrami*	
99	栗耳鹀	*Emberiza fucata*	
100	小鹀	*Emberiza pusilla*	
101	黄眉鹀	*Emberiza chrysophrys*	
102	田鹀	*Emberiza rustica*	
103	黄喉鹀	*Emberiza elegans*	
104	栗鹀	*Emberiza rutila*	
105	硫黄鹀	*Emberiza sulphurata*	
106	灰头鹀	*Emberiza spodocephala*	
107	芦鹀	*Emberiza schoeniclus*	
		爬行纲 REPTILIA	
	有鳞目	SQUAMATA	
	壁虎科	Gekkonidae	
1	梅氏壁虎	*Gekko melli*	
	鬣蜥科	Agamidae	
2	条纹龙蜥	*Diploderma fasciatum*	
	蜥蜴科	Lacertidae	
3	崇安草蜥	*Takydromus sylvaticus*	
4	天井山草蜥	*Takydromus albomaculosus*	
	双足蜥科	Dibamidae	
5	白尾双足蜥	*Dibamus bourreti*	
	游蛇科	Colubridae	
6	广东颈槽蛇	*Rhabdophis guangdongensis*	

（续上表）

序号	中文名	学名	备注
7	刘氏后棱蛇	*Opisthotropis laui*	
8	深圳后棱蛇	*Opisthotropis shenzhenensis*	
9	张氏后棱蛇	*Opisthotropis hungtai*	
10	方花蛇	*Archelaphe bellus*	
	眼镜蛇科	Elapidae	
11	金环蛇	*Bungarus fasciatus*	
	蝰科	Viperidae	
12	白头蝰	*Azemiops kharini*	
13	越南烙铁头蛇	*Ovophis tonkinensis*	
14	台湾烙铁头蛇	*Ovophis makazayazaya*	
		两栖纲 AMPHIBIA	
	无尾目	ANURA	
	角蟾科	Megophryidae	广东分布的角蟾科所有种（国家重点除外）
1	刘氏掌突蟾	*Leptobrachella laui*	
2	云开掌突蟾	*Leptobrachella yunkiaensis*	
3	封开角蟾	*Panophrys acuta*	
4	东莞角蟾	*Panophrys dongguanensis*	
5	短肢角蟾	*Panophrys brachykolos*	
6	南昆山角蟾	*Panophrys nankunensis*	
7	黑石顶角蟾	*Panophrys obesa*	
8	石门台角蟾	*Panophrys shimentaina*	
	树蛙科	Rhacophoridae	
9	峨眉树蛙	*Zhangixalus omeimontis*	
10	黑眼睑纤树蛙	*Gracixalus gracilipes*	
11	侧条费树蛙	*Rohanixalus vittata*	
12	费氏刘树蛙	*Liuixalus feii*	
		节肢动物门 ARTHROPODA	
		昆虫纲 INSECTA	
	蜻蜓目	ODONATA	
	蜓科	Aeshnidae	
1	鼎湖头蜓	*Cephalaeschna dinghuensis*	
	螳螂目	MANTODEA	
	怪螳科	Amorphoscelidae	
2	中华怪螳	*Amorphoscelis chinensis*	
	半翅目	HEMIPTERA	
	黾蝽科	Gerridae	
3	巨黾	*Gigantometra gigas*	

动物中文名及学名索引

中文名索引

学名索引

广东省政区图

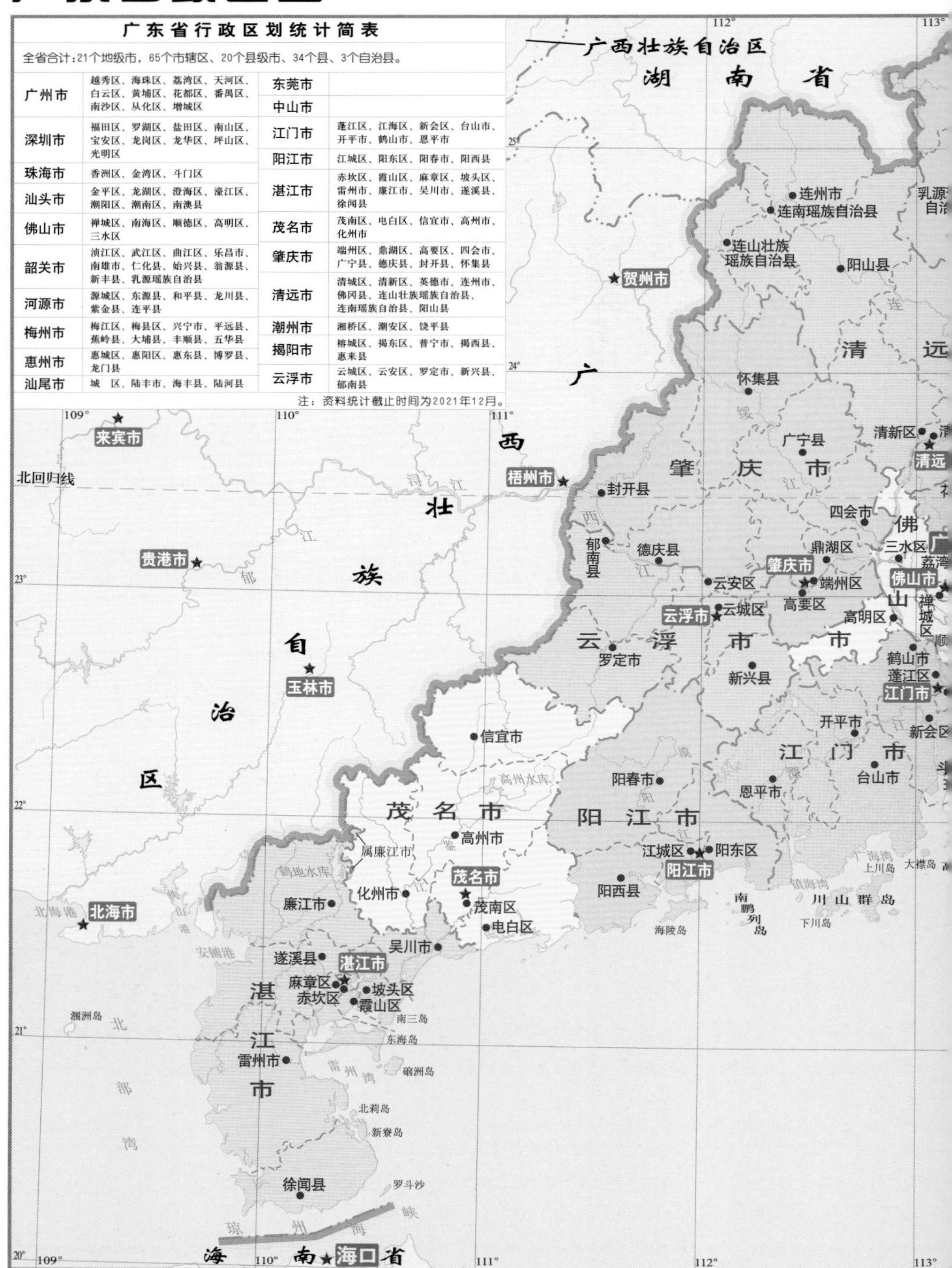

广东省行政区划统计简表

全省合计：21个地级市，65个市辖区、20个县级市、34个县、3个自治县。

广州市	越秀区、海珠区、荔湾区、天河区、白云区、黄埔区、花都区、番禺区、南沙区、从化区、增城区
深圳市	福田区、罗湖区、盐田区、南山区、宝安区、龙岗区、龙华区、坪山区、光明区
珠海市	香洲区、金湾区、斗门区
汕头市	金平区、龙湖区、澄海区、濠江区、潮阳区、潮南区、南澳县
佛山市	禅城区、南海区、顺德区、高明区、三水区
韶关市	浈江区、武江区、曲江区、乐昌市、南雄市、仁化县、始兴县、翁源县、新丰县、乳源瑶族自治县
河源市	源城区、东源县、和平县、龙川县、紫金县、连平县
梅州市	梅江区、梅县区、兴宁市、平远县、蕉岭县、大埔县、丰顺县、五华县
惠州市	惠城区、惠阳区、惠东县、博罗县、龙门县
汕尾市	城　区、陆丰市、海丰县、陆河县
东莞市	
中山市	
江门市	蓬江区、江海区、新会区、台山市、开平市、鹤山市、恩平市
阳江市	江城区、阳东区、阳春市、阳西县
湛江市	赤坎区、霞山区、麻章区、坡头区、雷州市、廉江市、吴川市、遂溪县、徐闻县
茂名市	茂南区、电白区、信宜市、高州市、化州市
肇庆市	端州区、鼎湖区、高要区、四会市、广宁县、德庆县、封开县、怀集县
清远市	清城区、清新区、英德市、连州市、佛冈县、连山壮族瑶族自治县、连南瑶族自治县、阳山县
潮州市	湘桥区、潮安区、饶平县
揭阳市	榕城区、揭东区、普宁市、揭西县、惠来县
云浮市	云城区、云安区、罗定市、新兴县、郁南县

注：资料统计截止时间为2021年12月。

审图号：粤S（2022）139号

参考文献

[1] IUCN 2022. The IUCN Red List of Threatened Species. Version 2021-3[DB/OL]. https://www.iucnredlist.org

[2] 濒危野生动植物种国际贸易公约. 附录Ⅰ、附录Ⅱ和附录Ⅲ[EB/OL]. 2019. http://www.forestry.gov.cn/html/bwwz/bwwz_2790/20191202101942901794339/file/20191202102502527120782.pdf

[3] 陈树椿. 中国珍稀昆虫图鉴[M]. 北京：中国林业出版社，1999.

[4] 国家重点保护野生动物名录[EB/OL]. 2021. http://www.forestry.gov.cn/main/5461/20210205/122418860831352.html

[5] 胡慧建，梁晓东. 广东重点保护陆生野生脊椎动物图鉴[M]. 广州：南方日报出版社，2019.

[6] 黄灏，张巍巍. 常见蝴蝶野外识别手册：第2版[M]. 重庆：重庆大学出版社，2009.

[7] 江建平，谢锋. 中国生物多样性红色名录：脊椎动物：第四卷：两栖动物[M]. 北京：科学出版社，2021.

[8] 蒋志刚. 中国生物多样性红色名录：脊椎动物：第一卷：哺乳动物[M]. 北京：科学出版社，2021.

[9] 李元胜，张巍巍. 中国昆虫生态大图鉴[M]. 重庆：重庆大学出版社，2011.

[10] 刘阳，陈水华. 中国鸟类观察手册[M]. 长沙：湖南科学技术出版社，2021.

[11] 汪松，解焱. 中国物种红色名录：第三卷：无脊椎动物 [M]. 北京：高等教育出版社，2005.

[12] 王跃招. 中国生物多样性红色名录：脊椎动物：第三卷：爬行动物 [M]. 北京：科学出版社，2021.

[13] 武春生. 中国动物志：昆虫纲：第二十五卷：鳞翅目：凤蝶科 [M]. 北京：科学出版社，2001.

[14] 武春生，徐堉峰. 中国蝴蝶图鉴 [M]. 福州：海峡书局，2017.

[15] 张雁云，郑光美. 中国生物多样性红色名录：脊椎动物：第二卷：鸟类 [M]. 北京：科学出版社，2021.

[16] 周尧. 中国蝶类志 [M]. 郑州：河南科学技术出版社，1999.

[17] 邹发生，叶冠锋. 广东陆生脊椎动物分布名录 [M]. 广州：广东科技出版社，2016.

[18] AndrewT.Smith，解焱. 中国兽类野外手册 [M]. 长沙：湖南教育出版社，2009.